触手可及的未来科技

科学家与科幻作家的跨时空碰撞

指导　中国科普作家协会

主编　CC讲坛

顾问　吴坚忠　刘　兵

山东科学技术出版社

·济南·

图书在版编目（CIP）数据

触手可及的未来科技：科学家与科幻作家的跨时空碰撞 / CC讲坛主编. -- 济南：山东科学技术出版社，2024.4（2024.11重印）
ISBN 978-7-5723-2023-1

Ⅰ. ①触…　Ⅱ. ①C…　Ⅲ. ①科学技术－普及读物
Ⅳ. ①N49

中国国家版本馆CIP数据核字(2024)第064204号

触手可及的未来科技
——科学家与科幻作家的跨时空碰撞
CHUSHOU KEJI DE WEILAI KEJI
——KEXUEJIA YU KEHUAN ZUOJIA DE
KUA SHIKONG PENGZHUANG

策　　划：赵　猛
责任编辑：陈　昕　张　琳　庞　婕

主管单位：山东出版传媒股份有限公司
出 版 者：山东科学技术出版社
地址：济南市市中区舜耕路517号
邮编：250003　电话：（0531）82098088
网址：www.lkj.com.cn
电子邮件：sdkj@sdcbcm.com
发 行 者：山东科学技术出版社
地址：济南市市中区舜耕路517号
邮编：250003　电话：（0531）82098067
印 刷 者：济南新先锋彩印有限公司
地址：济南市工业北路188-6号
邮编：250100　电话：（0531）88615699

规格：32开（143 mm × 210 mm）
印张：7.75　**字数：**155千
版次：2024年4月第1版　**印次：**2024年11月第3次印刷
定价：59.00元

TOP 6 人体冬眠

领域　生物

未来科技名片　利用人体冷冻等技术人工制造冬眠，延长生命

代表科幻作品　《失踪的哥哥》《通往盛夏之门》《三体2》《零K》

TOP 7 机械外骨骼（动力装甲）

领域　机械

未来科技名片　一种提供动力的人体可穿戴机械设备，允许充分的肢体运动，增强人体性能

代表科幻作品　《星河战队》《明日边缘》

TOP 8 戴森球

领域　航天/能源

未来科技名片　包围恒星的巨大球形结构，可以捕获恒星输出的大部分或者全部能量

代表科幻作品　《造星主》《环形世界》《时间回旋》《戴森球计划》

TOP 9 量子计算机

领域　计算机

未来科技名片　一种使用量子逻辑进行通用计算的设备

代表科幻作品　《移动火星》《原始人》《镜子》

TOP 10 脑库（脑域）

领域　生物

未来科技名片　利用多颗大脑连接成网络，制造超级大脑驱动计算机，或形成一个新的强大意识，为人类提供决策

代表科幻作品　《田园》《机器之门》《赌脑》

科幻作品中的十大未来科技

2023年第81届世界科幻大会重磅发布

TOP 1

太空电梯

领域 航天

未来科技名片 从行星表面到太空轨道的电梯式的运输系统

代表科幻作品 《天堂的喷泉》《流浪地球2》

TOP 2

赛博空间（虚拟世界或元宇宙）

领域 计算机

未来科技名片 基于计算机和计算机网络的虚拟现实世界

代表科幻作品 《真名实姓》《神经漫游者》《雪崩》

TOP 3

脑机接口

领域 计算机

未来科技名片 在人或动物大脑与外部设备之间创建直接连接，实现脑与设备的信息交换

代表科幻作品 《神经漫游者》《攻壳机动队》《黑客帝国》

TOP 4

纳米机器人

领域 机器人

未来科技名片 可在体内行使功能的医学纳米机器人，用于疾病诊断、手术、组织修复和再生等用途

代表科幻作品 《自动工厂》《血音乐》《猎物》

TOP 5

生物计算机

领域 生物/计算机

未来科技名片 利用DNA、RNA及蛋白质等生物大分子，作为数据及信息处理的工具进行的计算系统

代表科幻作品 《血音乐》

出场科学家

魏　飞　清华大学化学工程系教授
（太空电梯 010 ~ 023 页）

翟振明　中山大学人机互联实验室主任，教授
（赛博空间 034 ~ 045 页）

洪　波　清华大学医学院生物医学工程系教授
（脑机接口 054 ~ 067 页）

聂广军　国家纳米科学中心研究员
（纳米机器人 076 ~ 081 页）

马晓途　北京大学副研究员
（纳米机器人 082 ~ 097 页）

许　进　北京大学计算机学院教授
（生物计算机 104 ~ 113 页）

王健君　中国科学院化学研究所研究员
（人体冬眠 120 ~ 137 页）

陈丹惠　中国科学院合肥物质科学研究院智能机械研究所
（机械外骨骼 146 ~ 161 页）

郑永春　中国科学院国家天文台研究员
（戴森球 170 ~ 187 页）

向　涛　中国科学院院士，中国科学院物理研究所研究员
（量子计算机 196 ~ 205 页）

包爱民　浙江大学脑科学与脑医学学院二级教授
（脑库 214 ~ 229 页）

序

在2023世界科幻大会（成都）上，“科幻作品中的十大未来科技”评选结果正式发布。“科幻作品中的十大未来科技”推选活动是由四川省科学技术协会、成都市科学技术协会指导，成都市科幻协会、四川科幻世界杂志社有限公司主办，四川日报·川观新闻与四川科技报联合承办，亚洲科幻协会、中国科幻研究院、南方科技大学科学与人类想象力研究中心等协办，旨在聚焦科幻作品本身，探索下一个世代的重要科技想象，并寻找未来世界的解法。

长期以来，在许多人的心目中，科幻的一个重要功能，就是对科技未来发展的预言。确实，历史上一些经典的科幻作品中想象的科技概念，在后来都一一得以实现，并给人类社会发展带来了巨大的影响，但随着认识的深入，就目前比较普遍的观点来说，一般不再将科幻的这种“预言”功能看作科幻最为本质的特点。在一定的限定下，科幻作品的这种对未来富于想象力的预言，也还是有部分价值的。与此同时，一些在科幻作品中的“预言”虽然还未在现实的科技发展中得到实现，或只有部分实现，但仍然在某种程度上影响着人们对于未来发展的看法。

通过一系列的研究和讨论，经专家和公众的多轮投票，“科幻作品中的十大未来科技”最终评选出了最有可能在下一个世代走进现实并对人类社会发展带来重大影响的科技想象，榜单依次为：太空电梯、赛博空间（虚拟世界或元宇宙）、脑机接口、纳米机器人、生物计算机、人体冬眠、机械外骨骼（动力装甲）、戴森球、量子计算机、脑库（脑域）。

当然，在浩如烟海的科幻作品中，曾被科幻作家基于惊人的想象力而构想出的未来科技远不止这十项，但被评选出来的这十项“预言”，就其涉及领域的广泛性、可预见的可实现性、对人类社会发展的影响及在公众心目中的深刻印象来说，肯定有相当大的代表性。

山东科学技术出版社组织出版的这本《触手可及的未来科技——科学家与科幻作家的跨时空碰撞》，便是以这次“科幻作品中的十大未来科技”评选结果为基础，在概述了（显然也不可能穷尽）这十项“预言”在科幻作品中出现的情况后，邀请国内从事相关研究的科学家，他们大都是国内著名创新传播平台“CC 讲坛”的讲者，对这十项科技在现实科学技术研究中的发展情况、实现的可能性、目前存在的问题和困难等，进行了详细的介绍和展望，特别是对于这些科技发展可能带来的伦理问题也有论及。

显然，这样一本结合了科幻想象和科学研究前沿现实的图书，对于公众在未来科技发展方面的了解和思考，是有重要价值的。这是一本很有特色的科普读物，无论是对科幻感兴趣，还是关心未来科技的发展和应用，此书都具有独特的吸引力。

刘　兵

2024 年 3 月 24 日于北京清华大学荷清苑

目录

科幻作品中的十大未来科技 Top 9

量子计算机："未来大脑"何以神奇 / 190

科幻作品中的十大未来科技 Top 10

脑库：如果意识可以留下 / 208

科幻作品中的十大未来科技

Top 1

太空电梯

到底是科幻还是未来的交通革命

领　　域	航天
未来科技名片	从行星表面到太空轨道的电梯式运输系统
科学家名片	魏飞，清华大学化学工程系教授，博士生导师，教育部“长江学者”特聘教授

科幻作品中的太空电梯

1895 年，受埃菲尔铁塔的启发，航天科学家康斯坦丁·齐奥尔科夫斯基首次提出了太空电梯的概念：在地面上建设一座超高的铁塔，一直建到地球同步轨道（静止轨道）为止，在铁塔内架设电梯，人们便可以搭着电梯进入外太空。

在这之后的 100 多年里，太空电梯的设想不断被科学家和科幻作家们丰富完善。1978 年，科幻作家阿瑟·克拉克在《天堂的喷泉》中描绘了太空电梯的技术细节。

> 运载旅客、货物和燃料使用的“宇宙密封舱”，将以每小时数百千米的速度沿着管子上升和下降。由于 90% 的动力可以在这个系统中得以回收，因此，运送一名乘客的成本不过几美元而已。这是因为当宇宙密封舱向地球降落的时候，它的电动机在起到磁力制动器作用的同时，会作为发电机产生出电能。和宇宙飞船不同，这种宇宙密封舱不会将动力消耗于使大气发热和产生冲击波，它的动力将由本系统加以回收。也就是说，下行的列车将带动上行的列车。按照最粗略的估算，升降机的运行费用不会超过任何一种火箭的 1%。

到了《流浪地球》中，刘慈欣对太空电梯的详细设计和宏伟展现，更是给了我们清晰直观的感受。

在刘慈欣的描述和电影呈现的画面中，我们可以看到，这里的太空电梯其实是空间站加电梯的综合体。整部电梯从地表向上，延伸至 9 万 km 高空，主体部分由几十根特殊材质的缆绳组成，每隔一段会有一个环状结构固定缆绳。

画面中，这部太空电梯可以分为上下两部分：下半部分是真正意义上的“太空电梯”，轿厢沿着缆绳从地表开始向上移动，上升途中会经过补给站，最终抵达位于 3.6 万 km 高度的地球同步轨道站，即方舟空间站；地球同步轨道站以上部分的缆绳则扮演着配重的角色，从 3.6 万 km 一直延伸至 9 万 km。

那么，太空电梯在现实中可以实现吗？若干年后的我们，真的可以登上这样的电梯极目宇宙吗？

是什么卡住了太空电梯的“脖子”

太空电梯的缆绳是一条数万千米的绳子，由于缆绳并不是静止的状态，而是随着同步轨道站一起高速转动的，因此在向心力和离心力的双重作用下，整体拉力很可能会超过材料的抗拉极限，导致缆绳断裂。所以，这条绳子必须足够轻盈、结实，还必须能够经受住来自大气的腐蚀以及陨石和太空碎片的撞击。

所以，最重要和最难的一步，就是生产出适合的缆绳。

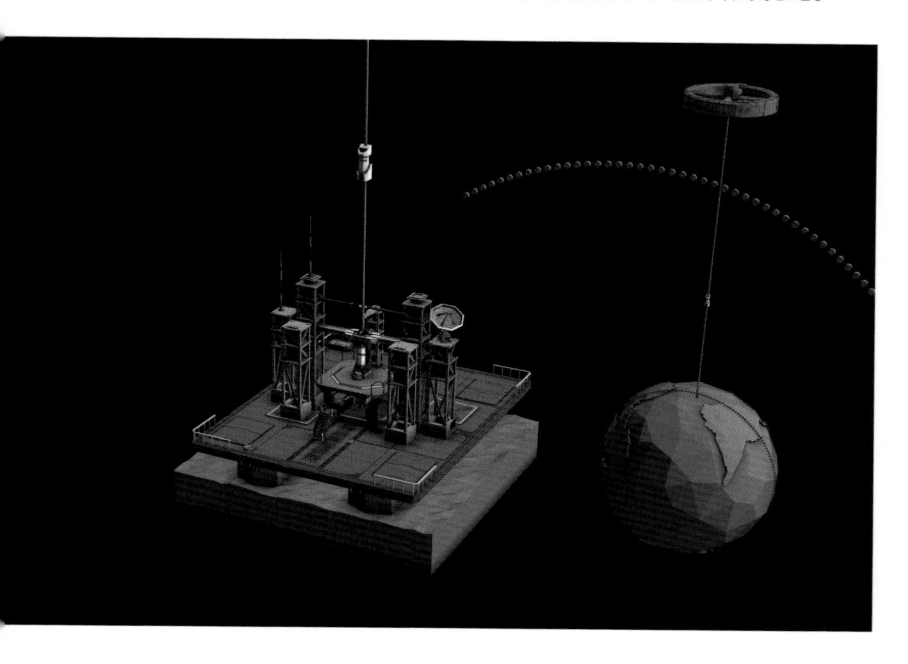

科学家们已经计算过，如果采用钢铁材质的绳索，不到 9 km 绳索就会被拉断。也就是说，即便是用钢铁来做缆绳，也会在强大的引力作用下变形。

刘慈欣在接受媒体采访时也称建造太空电梯最大的障碍是材料。很难想象有哪种材料能够承受几万千米长度的拉力而不断，或许只有《三体》中汪淼博士研制的纳米材料才可以吧。

从现实情况来看，目前最有可能满足太空电梯要求的便是碳纳米管——由碳原子组成的管状结构纳米材料。这种超强纤维的拉伸强度是钢铁的 100 倍，理论上可以担此重任。

这么看来，是不是只要生产出几万千米长的碳纳米管，就能完美解决太空电梯的缆绳难题了？

问题远没有那么简单，这要从碳纳米材料本身说起。

魏飞 清华大学化学工程系教授

碳纳米材料
——太空梦想的基础

材料的力学强度是其众多性能中被人类极为看重的一种。

碳是一种非常普通和常见的材料，比如人们很喜欢的钻石，也就是金刚石，属于碳原子 sp^3 杂化，是一种超硬材料。而铅笔芯里面的石墨碳，则是比金刚石还结实的物质。由于石墨是层状结构，将单层的石墨剥离出来就能得到另一种高性能碳材料——石墨烯。碳纳米管实际上就是单层石墨烯卷起来形成的。

碳纳米管有许多神奇的力学、电学和化学性能，特别是它的抗拉强度是钢的 100 倍，密度是其 1/6。如果碳纳米管材料能够大量生产，大家便会有这样一个梦想——用这种材料是不是就可以搭一部通往太空的天梯？其他材料实现不了，因为如果用其他材料做一根几万千米长的绳子，自身的重量就会将其拉断，只有碳纳米管才可以实现这一目标。目前，我们已经能够制造出单根长度达半米以上的碳纳米管，并使其具有完美结构和优异性能，创造了世界纪录。

所以，碳纳米管给了人们梦想的基础：利用碳纳米材料建造超长的梯子，架起一座通向太空的天梯。

碳纳米管

石墨烯

越来越多的碳纳米身影

在过去的 20 多年里，碳纳米管的研究热度非常高，甚至每年能够发表 1 万多篇文献。碳纳米材料在体育器材、轮胎、超强材料等方面都具有广泛的应用，比如世界著名的大马士革军刀，刀刃非常锋利的原因便是其中有碳纳米材料。随着智能手机的快速普及，手机的触摸屏中也有了碳纳米材料的身影。清华大学范守善院士通过十几年的研究，可以非常整齐地把碳纳米管排列出来，然后“拽”成一张薄膜，用来做手机触摸屏。目前，这种碳纳米材料的触摸屏在我国每年已经有两千万张的产量，这也是碳纳米管在通用电子产品里面第一次大规模的应用。

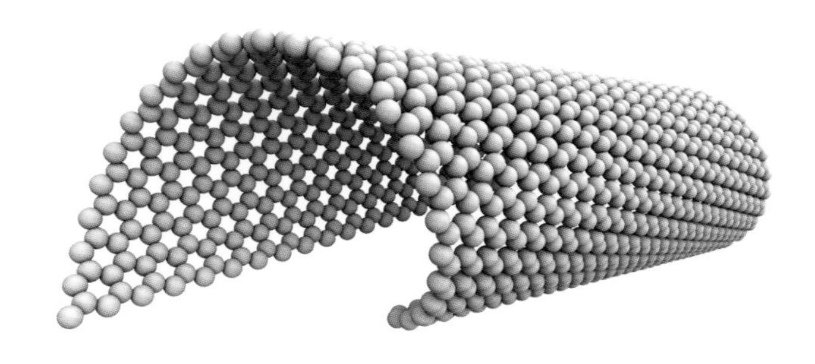

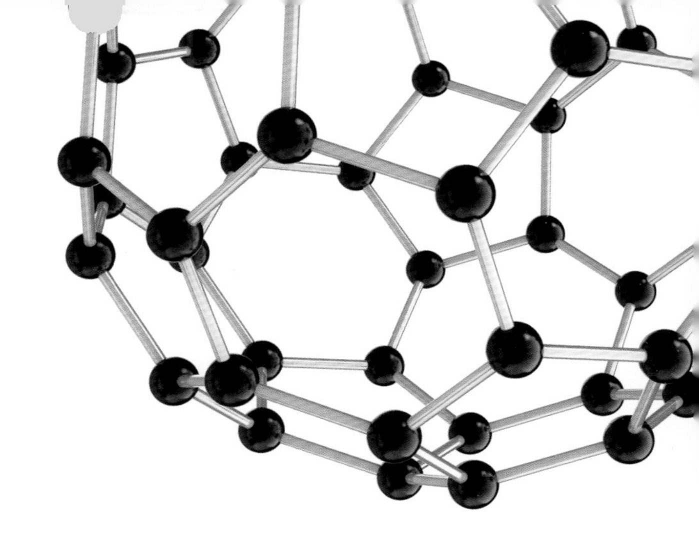

话题回到碳纳米管的超强力学性能上。材料界有一件很有意思的事情，美国航空航天局（NASA）在 2005 年就提出，只要能做出一种直径堪比头发丝的材料，长度 20 cm 即可，强度比现有最好的材料也就是碳纤维要高一倍，成功了就奖励 200 万美元。但迄今为止，谁也没有得到这个奖励。那么，我们有没有可能做成这件事呢？理论上来讲，应该是可以的。

在过去针对碳纳米管的研究中，我们从原子的精确自组装出发，进一步控制它的聚集体，控制它反应的核心过程，最终控制整个的工业生产。那我们能不能通过纳米技术，将碳纳米管生长的精度控制在亚纳米级，将长度想办法增长至米级，并且在这样的条件下，每个碳原子的排列仍旧是完美的？

回答这个问题之前，我们先来看看碳纳米材料的生长过程。

会“长高”的碳纳米材料

碳纳米材料的生长其实非常简单，催化剂就是普通的铁，铁催化剂的尺寸有多大，碳纳米管就能长多粗。碳源可以使用天然气，温度为 1000℃时碳原子即可生长。

碳纳米管存在两个基本的生长模式，一是顶部生长，二是底部生长。对于顶部生长，有一个很形象的解释，就是“风筝机制”。我们可以将碳纳米管想象成一根风筝线，而铁催化剂就是风筝，在气流的作用下碳纳米管能够飘浮在空中。这根“风筝线”生长至一定长度以后，由于存在气流和各种作用力，“风筝线”的力量最后都集中在一个点上，便无法支撑起“风筝”了，因此就导致了缺陷的存在。

科学家研究了 20 年后都发现了这个问题，尽管得到了很长的碳纳米管，但是这根管没有强度，这一点恰好制约了碳纳米管在太空电梯中的应用。

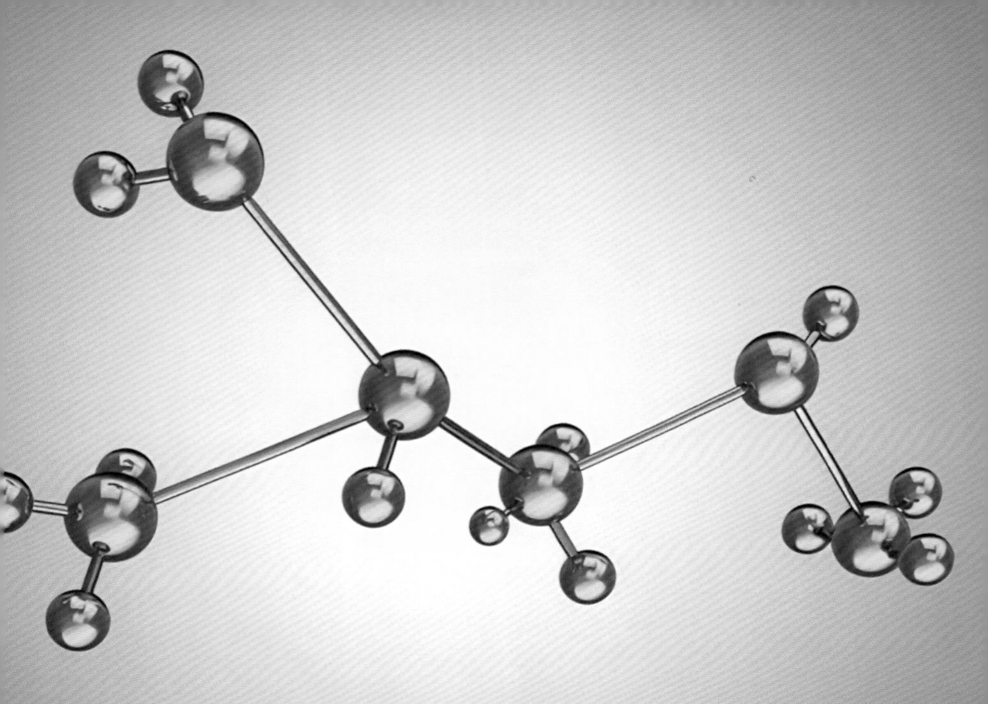

加点水可以让碳纳米材料长得更快

实验时我们发现，加点水可以让碳纳米材料长得更快，大约是 80 μm/s，相当于每秒长人的一根头发丝直径的长度。不要认为这个长度太短，跟人类头发生长的速度相比，这个速度已经快了 1 万倍，跟工业生长速度相比，更是快了 100 万倍。这是一个相当快的速度，而且材料的生长还非常稳定。

在实际的实验过程中，我们发现，碳纳米管在“长高”的过程中，长度永远是短的多、长的少，这种现象该怎么控制呢？

想象一下碳纳米管的组装过程，天然气裂解为碳原子后，是一个一个垒在铁颗粒上的，垒上去后碳原子只有两个状态，要么接着长，要么就“死”了。这背后的重要因素就是碳的生长因子，生长因子越高，其活性越好。生长因子又有很多控制因素，主要包含温度、浓度、流速等，那如何生长出超长的碳纳米管呢？将以上因素控制在最适合的水平后，我们用了一个

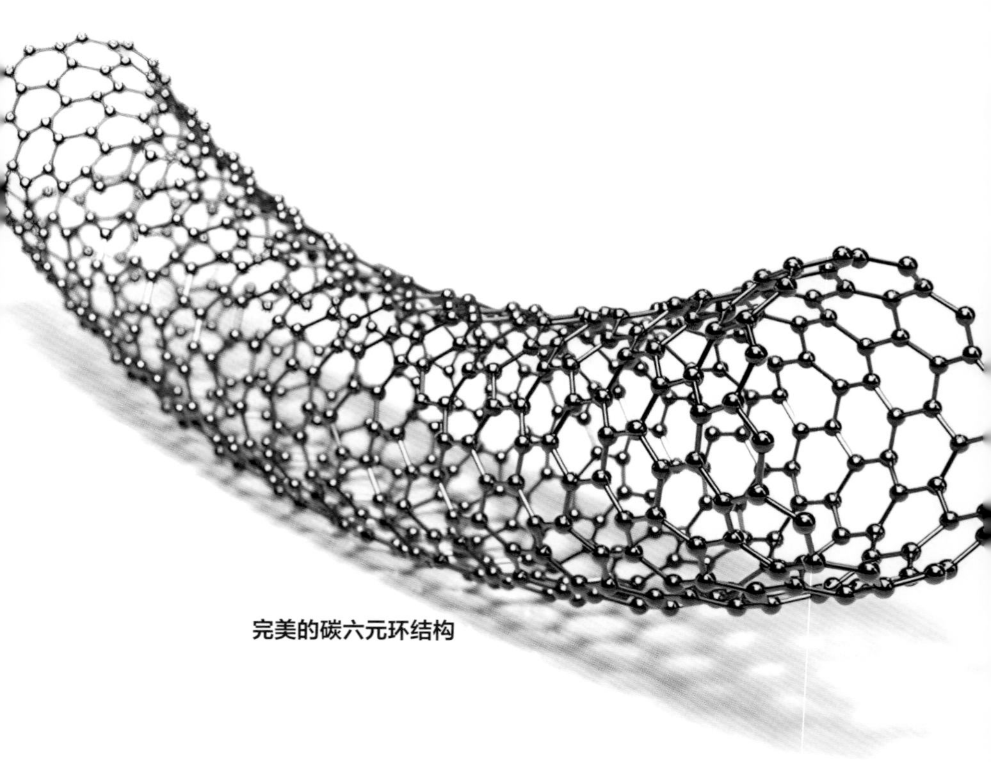

完美的碳六元环结构

移动的炉子，使温度误差在材料的生长过程中不超过 1℃。随着碳纳米管的生长同步移动炉子，材料就可以长得很长，至少能长到半米，现在已经可以长到 70 cm 了，而且强度和性能是没有缺陷的。通过测量发现，这种超长的碳纳米管强度可以达到理论强度，也就是钢材强度的 100 倍。一般的钢材强度很难达到 1 GPa，我们的碳纳米材料强度可以达到 120 GPa，而在这之前，世界上其他的研究也都只发现在微米级的长度下，碳纳米材料的强度可以达到 30 GPa，这是一项很重要的突破。

那碳纳米管的结构是不是完美的呢？我们从 100 根长度在厘米级的碳纳米管中挑出一根，分成几部分去确定它的结构，比如 20 mm、50 mm、80 mm 的位置。50 mm 是什么概念呢？大概是 50 亿个碳原子。结果我们发现，碳纳米管的每个位置都是非常完美的碳六元环结构，螺旋角不变，没有缺陷。

会跳舞的“超级橡皮筋”

我们知道碳纳米管的直径在纳米级，那怎样才能看到它呢？我们是这样尝试的：在两个硅片之间人为划一条 1 mm 宽的缝，碳纳米管也能通过这条缝，然后在缝的位置熏一些二氧化钛，就会产生神奇的现象。通过透射电子显微镜可以看出，黑色颗粒是微米级二氧化钛，浅色的线就是这根碳纳米管。其实在普通光学显微镜下，我们也可以用肉眼看到各种各样的碳纳米管。

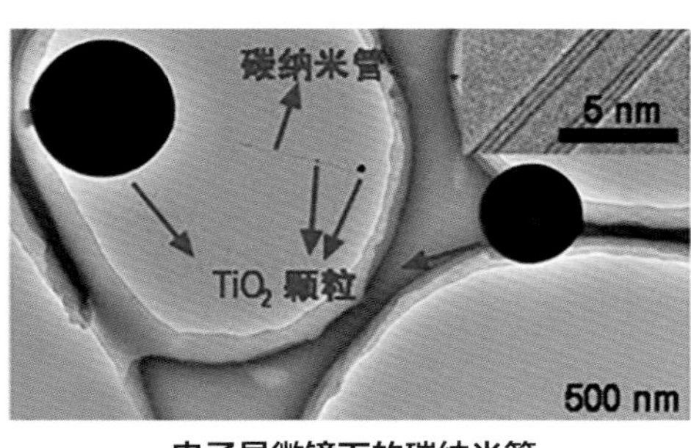

电子显微镜下的碳纳米管

我们发现，在跨缝中的碳纳米管可以搭接成特殊结构，比如图中的碳纳米管就可以随着音乐“跳舞”，不仅能“跳舞”，它

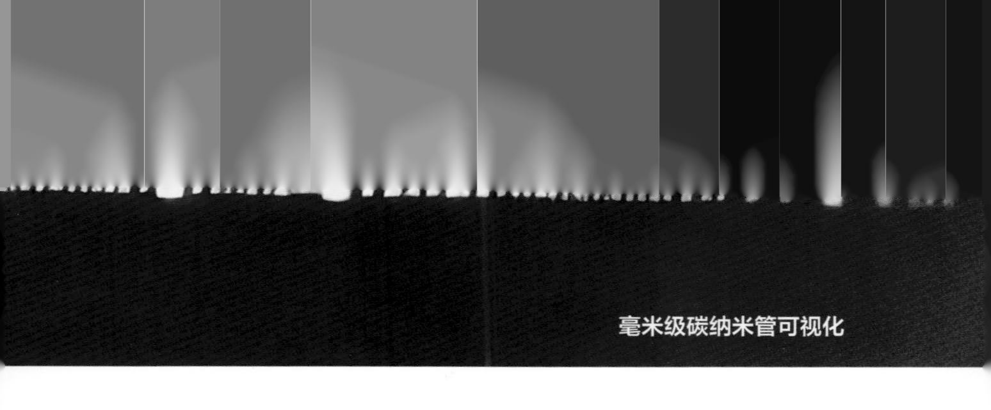

还可以随声波在很大的幅度下振动两亿次而不断，就像一根不会坏的超级弹簧。实际上“挂”在碳纳米管上的二氧化钛重量是碳纳米管的 2 万倍，但碳纳米管根本不会被压弯，只有吹气的时候才会振动。

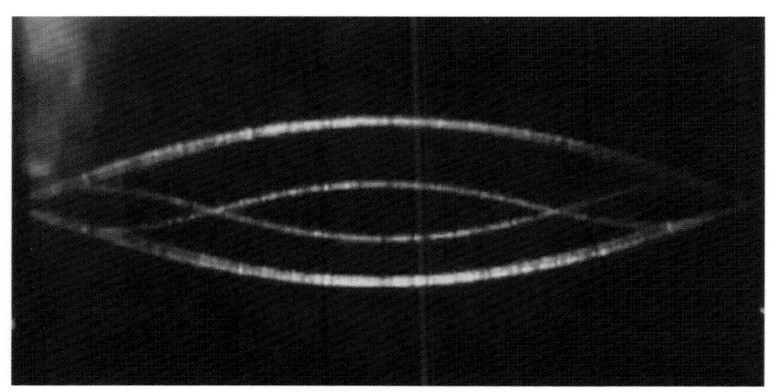

纳米管跟随音乐“跳舞”

通过这一现象我们就能确定碳纳米管的强度到底怎么样。结果显示，碳纳米管的强度依然可达 100 GPa，并能达到 17% 的断裂伸长率。

“一般来说，钢的断裂伸长率仅为3%，超过这一极限钢材就会被拉断，但碳纳米管的断裂伸长率可以达到17%，就像一根超级橡皮筋。”

这根“橡皮筋”厉害到什么程度呢？假如用它去进行机械储能，跟锂离子电池相比，它储存的能量是锂离子电池的5倍。这是什么概念呢？就是用一根手指头粗的碳纳米管绳子，把时速350 km的高速列车拉住，它能将列车的动能全吸收回来，松开以后，列车会再高速弹回去。

碳纳米材料之所以有这么大的能力，都是完美超长的结构所带来的。如果我们用这种材料去建造太空电梯，就会比美国人设想的要顺利。他们希望做成30 GPa强度、1 m长、0.1 mm厚的带子，需要20 t重的材料，将花费100亿美元，想要快速实现并非那么容易。而我们能够生产出120 GPa强度的碳纳米管，半米长的话仅需要3 ~ 6 t材料，因此，我们离梦想就又近了一步。

我们在最近的工作中还发现，结构完美的碳纳米管中还存在独特的进化生长机制。进化是我们很熟知的生物学概念，包含达尔文提出的“适者生存”“优势种群”“环境决定进化”等观点和现象。地球的生物基本都是碳基生物，而碳纳米管也是数以亿计碳原子的组装体。我们在实验中发现，碳纳米管种群在最开始的阶段密度是很高的，但长度越长，密度就越低。为什么长的碳纳米管密度会变低呢？这就是碳纳米管的自催化

进化生长所造成的。碳纳米管的生长存在向特定结构的进化行为，进化到最后的个体往往是结构最完美、性能最优异的，这也使我们能够更清晰地观察碳纳米管的生长过程。

所以，如果我们追求卓越，追求完美，把材料研究到极致，那么就可以实现我们的太空电梯梦。但是，半米长的碳纳米管距离数万千米长的太空电梯缆绳，显然还有很长很长的路要走。

除此之外，关于建造太空电梯，我们还要考虑，升降舱到达顶端需要数天，所需的能量从何而来？太空电梯的基站需要建在大海之中，是否会对地球水源造成污染？……但不管如何，我们还是无比期盼这个 100 多年来人类都没放弃过的梦想，在以后的科学发展中，能有一天成为现实。

太空电梯技术发展简史

1895年

受到埃菲尔铁塔的启发，俄罗斯科学家、火箭科学先驱者康斯坦丁·齐奥尔科夫斯基首次提出“太空电梯”概念。

1959年

俄罗斯科学家 Yuri N. Artsutanov 提出了一个可行的太空电梯建议。

1978年

科幻作家阿瑟·克拉克在《天堂的喷泉》中描绘了太空电梯的技术细节。

1991年

日本纳米科学家饭岛澄男发现了碳纳米管，这种材料的高强度性能使得科学家们开始意识到太空电梯有可能从科幻走向现实。

2000年

法国科学家首次报道了通过湿法纺丝工艺，可制备碳纳米管含量高达50%以上的连续纤维材料，拉开了碳纳米管纤维研究的序幕。

2002年

清华大学首次报道了利用浮动化学气相沉积方法制备直径为300 ~ 500 μm的碳纳米管管束，长度可达20 cm。

2013年

清华大学魏飞教授带领的团队首次将催化剂活性的概率提高到99.5%，并制备出了世界上最长的碳纳米管，其单根长度超过半米，创造了世界纪录。

2018年

清华大学魏飞教授团队首次报道了接近单根碳纳米管理论强度的超长碳纳米管管束，其拉伸强度超越已知所有其他纤维材料。

2021年

中国科学院苏州纳米技术与纳米仿生研究所实现了千米级连续碳纳米管纤维的制备。

科幻作品中的十大未来科技——Top 2

赛博空间

众声喧哗还是“同一个地球村”

领　　域	计算机
未来科技名片	基于计算机和计算机网络的虚拟现实世界
科学家名片	翟振明，中山大学人机互联实验室主任、哲学教授

科幻作品中的赛博空间

刘慈欣在短篇小说《不能共存的节日》中有这样一段对话：

> “外星人先生，”有人说，“你能想象一下人类未来的 IT 天堂吗？”
>
> “未来的虚拟世界确实是天堂，在那里面每个人确实是上帝，其美妙是任何想象都难以企及的。我只想象一下那时的现实世界。开始，现实中的人会越来越少，虚拟天堂那么好，谁还愿意待在苦逼的现实中，都会争相上载自己。地球渐渐变成人烟稀少的地方，最后，现实中一个人都没有了，世界回到人类出现前的样子，森林和植被覆盖着一切，大群的野生动物在自由地漫游和飞翔……只是在某个大陆的某个角落，有一个深深的地下室，其中运行着一台大电脑，电脑中生活着几百亿虚拟人类。”

1982 年，科幻作家威廉·吉布森在他的小说《全息玫瑰碎片》中创造了一个概念——“赛博空间”（Cyberspace），大意是指计算机网络中的虚拟现实。1984 年，威廉·吉布森在小说《神

经漫游者》中，广泛普及了“赛博空间”一词，越来越多的人开始接触并认识这个概念。

在威廉·吉布森的《神经漫游者》里，主角凯斯是一位“网络达人”，受神秘人所雇在名为“矩阵”的赛博空间中窃取密钥，最终目的是解救一个超级先进的人工智能。

威廉·吉布森的想象力极其丰富与超前。要知道，当年的吉布森并没有电脑，那个年代也没有互联网，种种关于“网络”“人工智能”“虚拟空间”的超前又离奇的幻想都是在一台老式打字机上完成的。正是他天马行空的想象力，让这部《神经漫游者》将科幻文学从此带入了计算机时代。同时，也引发了人们对科技发展的思考：未来，人类与科技，谁控制谁？

1992 年，尼尔·斯蒂芬森的《雪崩》问世，炙手可热的“元宇宙”概念便出自这部小说。这种叫“雪崩”的药物实际上是一种电脑病毒，现实中能够感染人类的血液，使人体产生依赖；虚拟世界中则通过攻击计算机底层算法控制整个系统。

在小说中，尼尔·斯蒂芬森是这样描述元宇宙的：“戴上耳机和目镜，找到连接终端，就能够以虚拟分身的方式进入由计算机模拟、与真实世界平行的虚拟空间。”

其实，对于虚拟世界与现实世界的融合和互动，并非仅来源于上述两部作品。1981 年，著名科幻作家弗诺·文奇发表了中篇小说《真名实姓》，尽管成文距今已有 40 余年，可作品中对数字世界、应用程序的意识觉醒和失控等细节的描述，对如今互联网和人工智能的发展仍有非常超前的预见和警示意义。

什么是赛博空间

赛博空间 (Cyberspace) 是由两个词组合起来的一个新词，这两个词分别为控制论 (cybernetics) 和空间 (space)，可以理解为在计算机以及计算机网络里的虚拟现实。

维基百科对赛博空间的定义是：赛博空间是全球的动态而且是不断变化的领域，其特征是电子频谱与电磁频谱相结合，用于生成、存储、改变、交换、共享信息，提取、使用、消除信息，并可以中断与物理资源的联系。

简单一点，我们可以理解为，赛博空间是指以计算机技术、现代通信网络技术，甚至虚拟现实技术等信息技术的综合运用为基础，以知识和信息为内容的新型空间，这是人类用知识创造的人工世界，一种用于知识交流的虚拟空间。

如今，赛博空间已经不再是一个抽象概念了，随着互联网的发展和普及，我们的生活中到处都可以看到“虚拟现实”的影子。

翟振明 中山大学人机互联实验室主任

人工智能有没有自我意识

说到虚拟现实（VR），很多人都知道，这是一种利用计算机技术、传感器技术、人类心理学和生理学的综合技术。有些人觉得，虚拟现实就是人工智能的一部分。其实不是。虚拟现实可以和人工智能结合，也可以完全不和它沾边。还有人觉得虚拟现实就是物联网，其实物联网和虚拟现实也是两个概念。我们现在思考的问题，其实都基于这样一个理解：虚拟现实（VR）和物联网（IOT），二者是需要整合在一起的，从而便形成 ER（Expanded Reality），叫扩展现实。

回到开篇讨论的问题，如果我们的下一代马上就要集体移民到虚拟世界里面了，面对未来的人权、法律、伦理等问题，人类会蒙圈吗？

首先，我们要思考一个问题，人工智能对人类真正的威胁是什么？

提起人工智能，大家可能比较恐慌。当年 Alpha Go 在围棋比赛中战胜了人类冠军，一个个、一次次打败了我们人类的冠军，有人说这是不是要把人类征服了？这么看确实是“征服”了。但在我们看来，这种“征服”是计算机最擅长的，不是机器“征服”了人类，而是集体智慧、技术、电脑专家、人工智能专家们联合起来，集体的智慧“征服”了某个人而已。

所谓的威胁，其实是我们一开始没想好，人工智能的特点在哪儿，人类智能在哪儿。

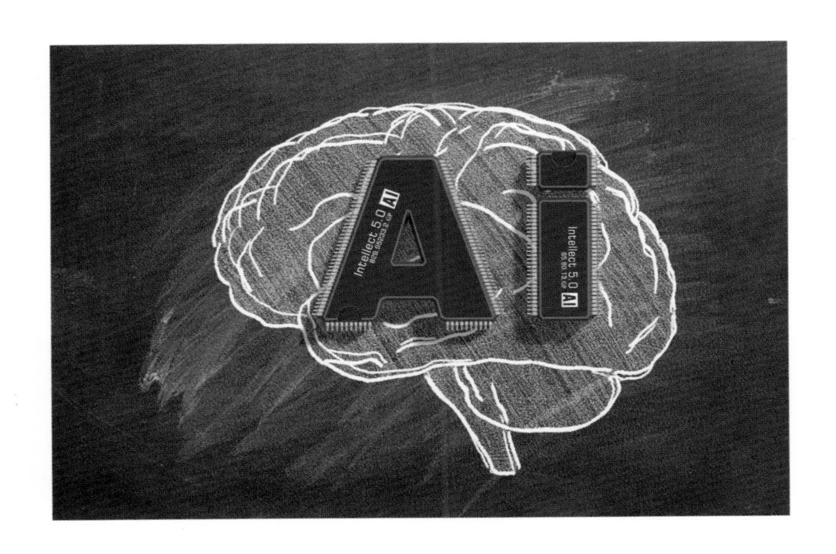

但无论如何，很多人觉得受到了威胁。

第一个威胁是不确定人类以后是否还有工作，担心人类没有工作可做。但是有这样一句话，人工智能做的是减法，所谓减法就是解放我们的脑力劳动。这句话可以简单地理解为，脑力劳动自动化，减法就是把我们要干的活儿给减了，而 VR 做的是加法，给人类经验世界的内容加了很多新体验。

第一次工业革命和第二次工业革命，机器把我们的体力劳动给解放了、减掉了，从我们身上剥离出去了；人工智能、脑力劳动自动化，又把我们原来觉得只有人类的智力和脑力劳动能做的工作也给剥离出去了。这是不是就是减法呢？而 VR 的加法，则是很显然的，就是现实加想象。

将来人类谋生所需的体力劳动和脑力劳动被机器取代是必然的趋势。我们不用劳动，不用为生存去劳动，那人类的活动就只剩一个方面，就是按照人类的本性，发挥我们本来的潜力。

> **“如果审美是为了最后提高生产力的话，那就是假审美，我们审美就是为了美本身，那才是真审美。”**

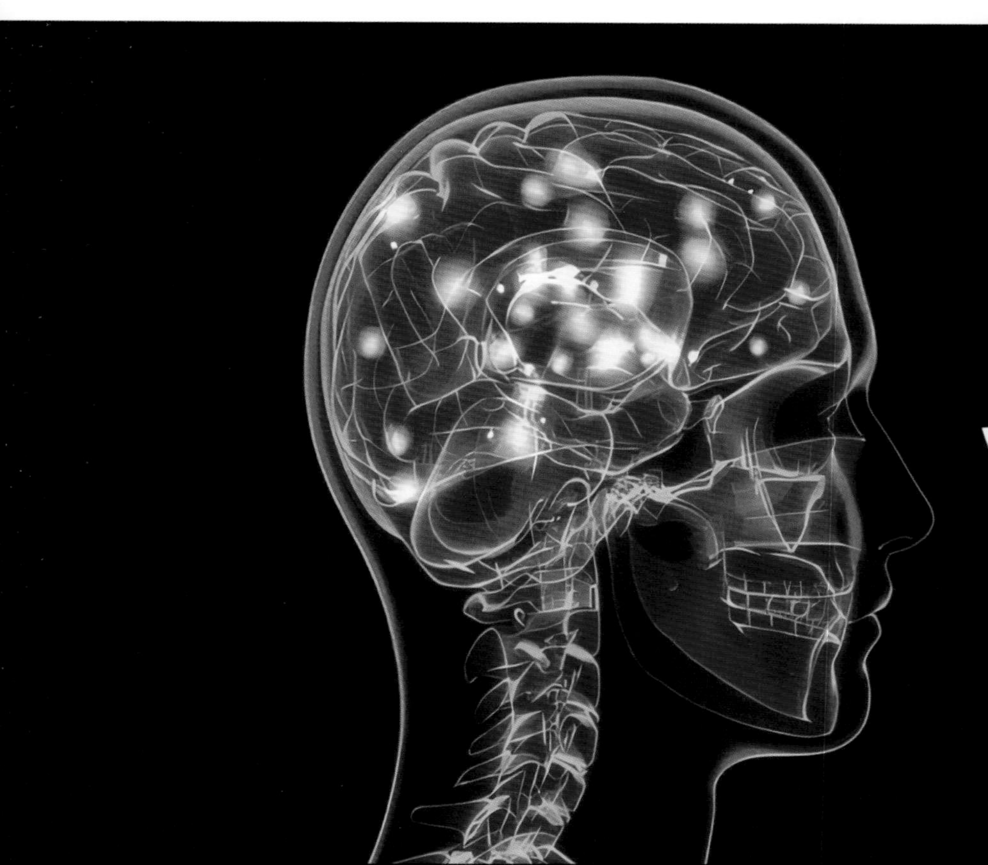

所有这些，还有我们的哲学思辨，对世界宇宙规律的认知，除了转化成技术，它最重要的功能，对于科学家本身来说，就是对宇宙本身的把握，包括追求对世界的认识、创造、审美等，发挥我们人类潜能的东西，也就是内在价值。所以，我们的生活就是为了扩充内在价值，VR 或者 ER，以及人工智能，它的减法和加法都做得很好，我们不用担心。

第二个威胁就是意识的觉醒，担心人工智能产生自我意识。但是科学家研究了很多年，也讨论了很多年，得出这样一个结论，用现在的图灵机（冯·诺依曼机），是做不出有自我意识

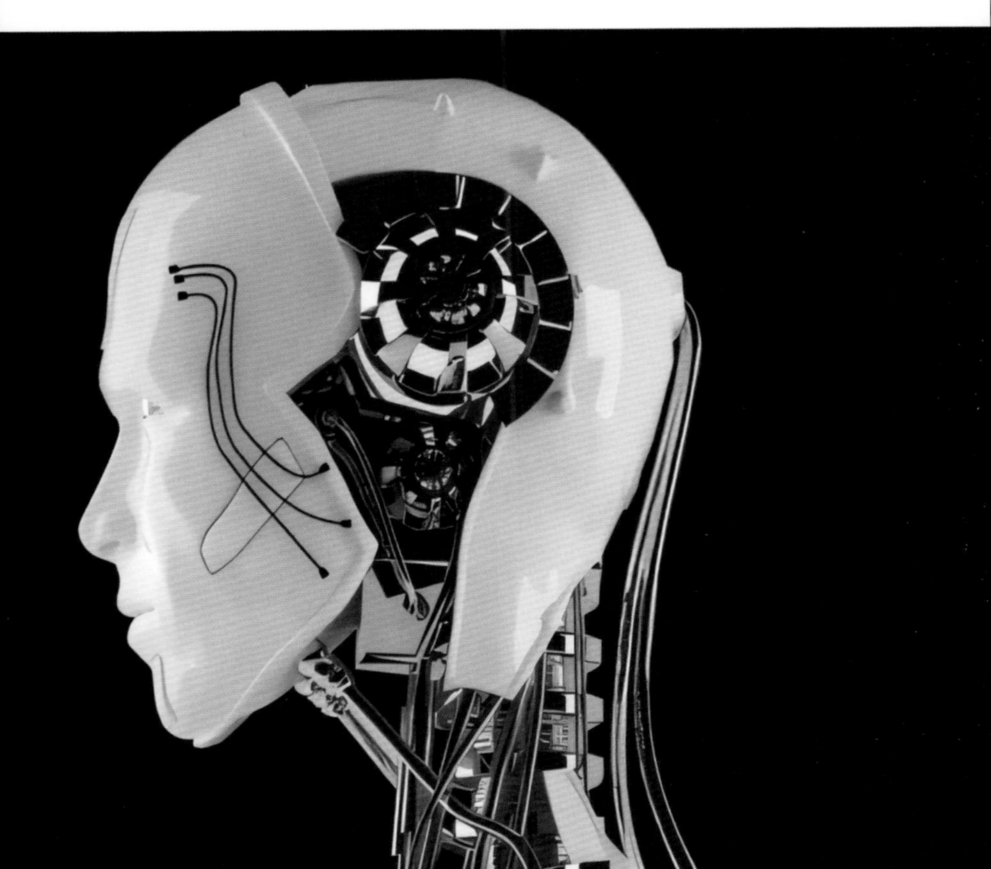

的主体机器的，它只是客体，是工具性的。所以想象一下，例如下面这张图，左边的人戴着头盔，那是虚拟现实 VR，他在高兴地喊叫；右边的电脑，也许喇叭发出来的声音和人的声音一样，但是我们会觉得右边电脑上真的有 VR 吗？没有。那么它缺少的是什么？复杂的人工智能接到头盔后边去，戴上头盔就能体验 VR 和虚拟世界吗？答案是没有，因为电脑没有自我意识。左边的人会叫，是因为他戴上头盔后确实体验到了另一个世界，而这个世界电脑是体验不到的。

这一点什么时候才有可能改变？或许只有量子力学作为设计原理时才有可能吧，但现在的图灵机是没有意识的，再多的电脑、再复杂的人工智能也不会产生自我意识。

人机关联，谁是主体

自我意识包括我们的自由意志、情感等，这些是怎么来的呢？我们不知道，现在人类知识的所有方面，都很难解释自我意识的来源。

随着虚拟现实技术的发展，头盔会越来越小、越来越轻便。可能有人会反驳，不用，以后哪还有头盔，电极直接就可以插入大脑了。是不是很危险？所以我们提倡，在这种情况下研究人机关联，一定要遵循这三条不对称原则。

不对称原则的有关概念

客体就是对象世界，电脑就叫客体，主体是有自由意志的我们；信息就是让我们认知并帮助我们认知的各种东西；还有控制信号，控制信号不是帮助我们认知的，而是让我们动起来，让我们做动作的。事实上，这些元素是混在一起的，所以一定要将它们分开。

第一条　从客体到主体这个方向，信息越畅通越好。我们要认知世界，但是不能让外边的控制信号进来。

第二条　从主体到客体这个方向，控制信号越畅通越好。我们要控制外界，信号就是我们的工具。我们是主体，但是信息不能让外界知道，这叫隐私，越封闭越好，越不畅通越好。

第三条　以上两条要进行调整，如果松动的话谁来做决定？这个必须由主体本身做决定，外界的任何东西不能压倒性地做决定，主体要作为第一决定者。

“三条不对称原则，是为了保证人机互动、人机互联、人机融合，还有VR、ER技术，不至于走向毁灭人类自我意识主体性的一个最基本的原则。”

未来 = 无缝穿越的虚拟和现实

通过改装头盔，重新开发软件、编代码、改造硬件等，目前的技术是可以实现无缝穿越体验的。刚戴上头盔看到的是现实的场景，之后“穿越”，通过电脑接入虚拟世界，无缝衔接。我们刚戴上头盔时看到的是现实，不是虚拟，后来才慢慢进入虚拟世界，可能在上海、在北京，也可能在广州、在纽约，甚至还去外太空转了一圈，回来后在门口我们或许还看到了保安，这位保安可不是电脑合成的，而是现实生活中的保安。然后再眨眼一看，回来了。这就叫无缝穿越，这种技术已经实现了。

虚拟和现实，无缝穿越，不知道从哪里进去又是从哪里出来的，危不危险？

第一个危险是前面提到的，机器直接接入大脑，这是非常危险的，有可能把我们的意识整个抹掉，变成和电脑一样的机器。因为我们对意识产生的机理了解得太少，直接进行脑机融合技术便有一定的危险性。第二个危险就是边界的抹掉，我们不知道边界在哪里，到底是在现实世界还是虚拟世界，这就有可能让人意识错乱，或者让某些别有用心的人欺骗我们。

什么是扩展现实呢？在扩展现实（ER）世界里，我们做出来七个部分（也可以称角色），下面这张图只展示了四个部分。

人替就是人在虚拟世界里的形象；人摹就是电脑造出来的假人，可以理解为没有戴头盔的人；物摹就是人类造出来的山山水水，但这是在虚拟世界里造出来的东西，现实世界中没有与之对应的；还有一个是人替摹，这就是人工智能可以融合进去的地方，但不是脑机融合，而是在虚拟世界里造一个“我”，形象可以设计出来，当然没有形象也可以。

这样，人就可以从虚拟世界内部控制物理世界的物联网（IoT），而不是反过来让物控制人。此外，虚拟到现实的控制可以借助主从机器人，即avatars 控制 avator，在虚拟世界预先注入鲜活的人文理性，这样就不会本末倒置了。

在虚拟时代到来之前，有哪些重要的问题是原来只有哲学家、思想家、心理学家、各种学者才思考，而现在我们每个人都非面对不可的呢？

我们来看一看，在这个时代到来之前，我们要做什么。这样的世界并不遥远，比如有一款游戏叫《我的世界》（Minecraft），一联网，全世界的用户都可以在游戏世界里聚会。而这个世界接上物联网，人们就可以控制现实世界所有的东西而不用出来。所以，VR 从来就不是只应用到哪个行业的问题，它会覆盖所有行业，只要用我们的眼睛和耳朵就可以进行操控。VR 的触觉功能现在还没开发出来，等触觉功能开发出来就更真实了。听觉、视觉、触觉，这三项开发成功以后，就可以实现虚拟与现实的无缝对接了。

我在中山大学的类似“黑客帝国”无缝穿越实验室，原则上实现了“从现实世界无缝穿越到虚拟世界——在虚拟世界沉浸（生存、生活乃至从事现实世界能做到的一切活动）、在虚拟时空中任意穿越——在虚拟世界反过来操控现实世界——从虚拟世界穿越回到现实世界”的整个人类未来文明形态的闭环系统。

人文理性与造世伦理

面对这样的世界，我们应该怎么办呢？应该预先注入人文理性，要有造世伦理学。人文理性是什么呢？就是我们要把最普遍的人类必须要遵循的价值观念、价值理念预先注入未来世界，记住是普遍价值，不是个人偏好。

比如，人类并没有整个移民到虚拟世界中，一部分人类还在现实世界，社会的主要功能也还在现实世界，但我没被告知，就被“忽悠”到虚拟世界里去了，这就是对人权最大的侵犯，非常危险。

再比如，整个世界是联网的，网络无处不在，任何地方都可以被设定为没有秘密，你在这里，我也在这里，不过我隐身了，你说的什么我都能听见，但是你看不到我，于是你的隐私就没有了。

那么，虚拟世界的隐私权和隐秘权，应该怎么处理？另外，在不同的虚拟世界里，不同版本的你可以有不同的社会身份，可以是妇女、儿童、老人，但是现实世界里你只有一个主体，如果在虚拟世界里你和别人起了冲突或者“犯了罪”，现实世界里的法律和伦理又该如何对你进行处理？

几年前 VR 还没火起来的时候，科学界就讨论过这样一个问题：想象的世界到来之后，法律要怎么修改，才有可能去应对？人与物的界限不知道在哪儿划分，个人、机器与集体的界限怎么划分，身体与心、意图与后果的区分又在哪里，等等。一系列问题，我们该如何面对？

以前只有哲学家思考这些问题，但是现在我们每个人都要回答这个问题。这是一个很大的问题。我们要先把人文理性输入到虚拟世界中去，才不会把所有人变成机器，变成工具。这样的话，我们迎接虚拟世界的到来，就更有信心了，就可以往前一步一步地迈进，实现无缝穿越了！

虚拟现实技术发展简史

1935年

美国科幻小说《皮格马利翁的眼镜》首次描述了一款特殊的“眼镜”，囊括了视觉、嗅觉、触觉等全方位的虚拟现实概念，被认为是虚拟现实技术的概念萌芽。

1957年

摩登·海里戈发明了一台在观看电影时，可以产生风、气味、震动等体感交互的沉浸式体验机器。

1959年

英国计算机科学家克里斯托弗·斯特雷奇首次提出了“虚拟化”的概念，从此拉开了虚拟化发展的帷幕。

1968年

美国计算机图形学之父 Ivan Sutherland 开发了第一个计算机图形驱动的头盔显示器 HMD 及头部位置跟踪系统，标志着头戴式虚拟现实设备与头部位置追踪系统的诞生。

1969年

计算机艺术家迈伦·克鲁格利用计算机和视频系统开发了一系列人造虚拟现实体验。他创造了计算机生成的环境，以回应其中的人。

1975 年

迈伦·克鲁格展示了首个交互式虚拟现实平台，利用计算机图形学、投影仪、摄像机、视频显示器和位置感应技术，让人们不用戴护目镜和手套，也可以在虚拟环境中进行交流。

1984 年

美国国家航空航天局(NASA)开始在虚拟现实领域进行研究，标志着虚拟现实技术在航空航天和宇航员培训中的早期探索。

1985 年

乔纳森·沃尔登开始推出商业化的虚拟现实设备。

1995 年

任天堂发布虚拟游戏机，该游戏机上共发布了 22 款游戏。

2007 年

谷歌着手研发 Google Earth VR，使用户能够获得身临其境的沉浸式地理体验。

2016 年

中山大学翟振明教授的人机互联实验室“无缝穿越”研究项目，已经能够实现整个人类未来文明形态的闭环系统。

科幻作品中的十大未来科技

Top 3

脑机接口

思维驱动下的“心想事成”

领　　域	计算机
未来科技名片	在人或动物大脑与外部设备之间创建直接连接，实现脑与设备的信息交换
科学家名片	洪波，清华大学医学院生物医学工程系教授，博士生导师

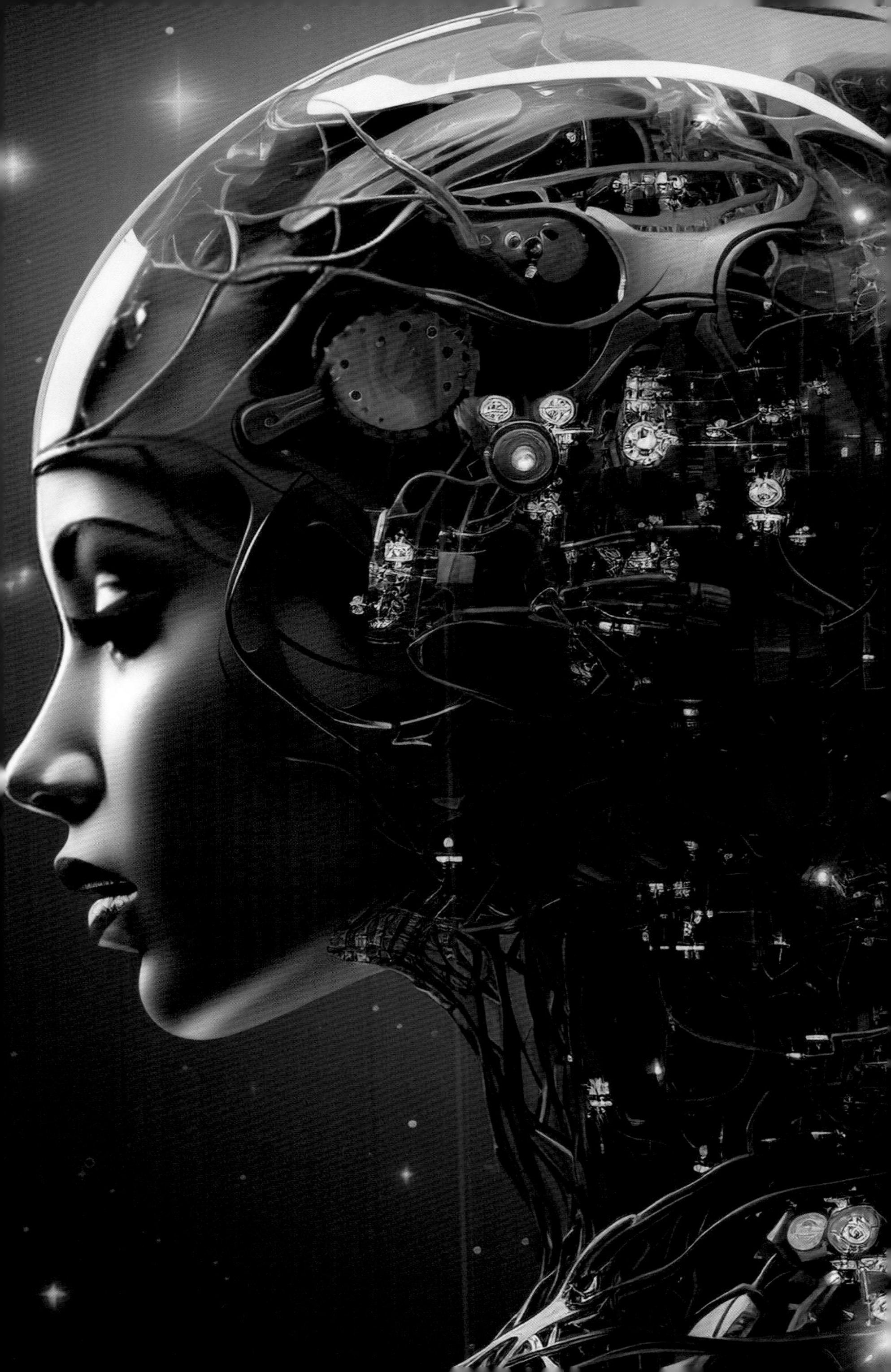

科幻作品中的脑机接口

提到“脑机接口”技术，我们的大脑中总会浮现科幻电影中的场景：

在脑后的特定装置里插入一根线缆，我们就能够畅游计算机世界；

只需一个意念我们就能改变“现实”；

学习知识不再需要书本、视频等媒介，也不需要花费大量的时间，只需直接将知识输入到大脑中即可；

通过侵入式脑机接口和脑神经连接，使人类在虚拟世界也能感受到视觉、听觉、嗅觉、味觉；

……

这些，都是经典科幻片《黑客帝国》为我们描绘的画面。

读取大脑记忆、用意念控制物体、最强读心术……这并非是天马行空的幻想，都是基于“脑机接口”技术的合理设想。

脑机接口是科幻小说中的“常客”，从被称为“赛博朋克圣经”的《神经漫游者》，到被认为是描述未来世界的科幻漫画神作《攻壳机动队》，再到被誉为科幻作品里程碑的《黑客帝国》，

这些科幻作品在某种意义上都描绘了脑机接口的终极目标：

“向大脑输入一个完整的虚拟外部环境并与之双向交互。”

和古人希望在天上飞翔一样，今天的人们也渴望将自己的意识和思维与机器融合在一起。科幻小说《三体》对脑机接口有着更深层次的含义。三体人的思维不可隐藏，但地球人却能够主观控制认知与行为的背离。所以，在地球与三体文明的博弈中，地球人思维的独立性便是人类文明得以延续的重要砝码。因此，三体世界用来监视地球的超级计算机——智子，才会对人类说“我害怕你们”。假设三体人掌握了脑机接口技术，那么人类的“思”与“行”便骗不过三体人的眼睛。

在未来，脑机接口技术有没有可能发挥这种堪比读心的可怕的强大作用，让思维一览无余，让思想无处隐藏呢？

清华大学医学院生物医学工程系教授

手随心动的未来更光明

你是不是也幻想过，像超人一样摆脱身体束缚，心想事成，用思维去星际航行，进入元宇宙？其实通过科学家和工程师的努力，这样的梦想正在一步步变成现实。

简单来说，脑机接口就是翻译大脑的信息，与世界互动。要开发脑机接口，首先要了解大脑。大脑是人体结构最复杂的器官，大约由 1000 亿个神经细胞组成，每个神经细胞还和其他 1000 个左右的神经细胞相互连接，组成一张巨大的神经网络，我们的感觉、运动、记忆、语言等都来自这个神经网络的精细活动。天文学家估算，在银河系中大约有数千亿颗恒星，所以把复杂的人类大脑比作一个深邃奥妙的银河系也毫不夸张。当我们仰望星空的时候，总想知道那些闪烁的星星是否在告诉我们宇宙的什么奥秘；而脑科学家们通过传感器记录神经细胞放电的时候，同样也想知道它们放电的密码是什么，表达了怎样的思维活动。

脑机接口的科学挑战是如何破解大脑的密码。要实现脑机接口技术，首先要用各种光电传感器采集不同脑功能区的神经放电信号，经过数字化和信号处理以后，采用机器学习、人工智能算法，提取出脑电中的关键特征和编码信息，然后才能实现对大脑状态或意图的解码。解码以后的信息可以和外部设备通信，并把控制结果反馈给用户，这样就实现了思维驱动下的心想事成。

脑机接口的初衷是帮助那些脊髓损伤、中风、高位截瘫的患者，让他们通过脑机接口控制假肢、轮椅，甚至使用智能手机、计算机等，大大减轻病痛，提高生活质量。

最近的研究发现，这些患者使用脑机接口，还可以促进大脑神经细胞的再连接，增强神经可塑性，加快康复进程，这是一个非常有临床价值的康复新手段。随着脑机接口技术的进一步发展，还有可能实现双向闭环的神经调控，从而帮助治疗癫痫、抑郁等更多的神经疾病。

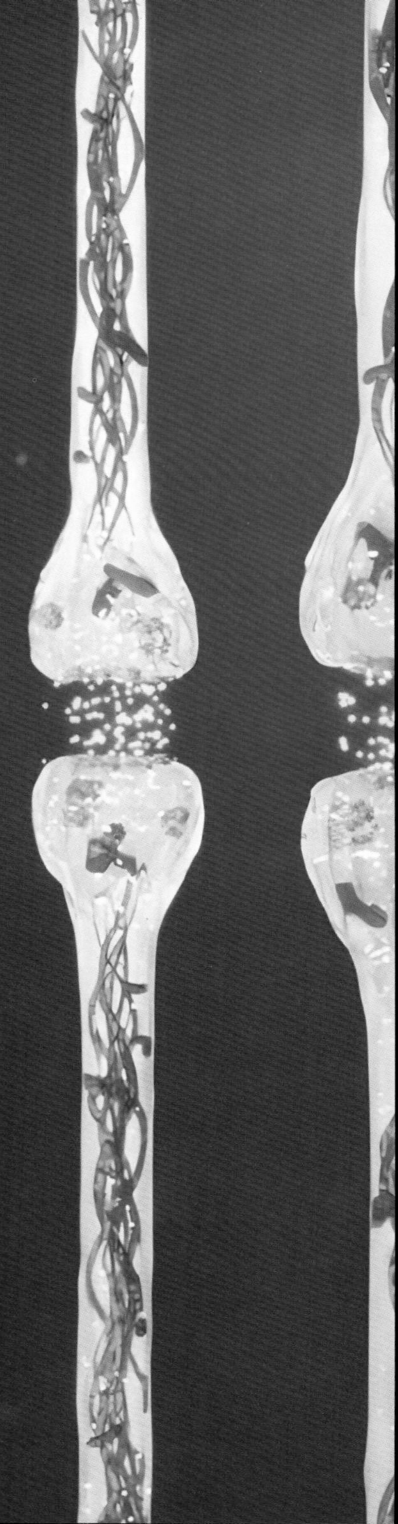

里应外合，硅基芯片和碳基大脑的完美互联

那么，应该怎么实现“脑”和“机”的互联呢？以前比较常见的方式有两种，侵入式和非侵入式。侵入式脑机接口需要通过开颅手术将神经电极植入大脑皮层，神经信号质量很高，但会导致神经细胞的炎症反应，之后采集的信号会慢慢变差，最终神经电极失效，而且开放的创口也会有感染风险。非侵入式脑机接口是把电极贴在头皮外表，就像戴了顶帽子，虽然对人体没有伤害，但是头皮脑电信号微弱，噪声很大，需要黏糊糊的导电膏帮忙，很难稳定可靠地工作。

借用“屋子”来阐释这些技术路径的不同。假设人类的大脑是一间屋子，屋中坐了几十个人，每个人就相当于一个脑细胞，侵入式方案就等于在每个人面前都放一个麦克风，此时信号采集的效果是最好的。马斯克的脑机接口公司采用的就是这种方案，在硬脑膜内放入成百上千个电极采集脑细胞信号。非侵入式的脑机接口技术相当于在屋外放一个麦克风，这时信号采集相对较弱，但安全性更高。

清华大学团队采用的则是一种折中的半侵入式方案，将电极放在硬脑膜外面，此时采集的信号介于屋内、屋外之间，有点像把麦克风贴在门的内侧（麦克风放置在房间内），追求的是安全性和性能之间的一种平衡。

北京脑科学与类脑研究所所长罗敏敏介绍，清华大学团队采用的这种半侵入式的脑机接口技术信号比较好，有无线充电等集成度比较高的设计，脑机接口的安全性和有效性都得到了初步验证，是一个非常好的开端。

近几年，随着脑科学、微纳传感器、微电子芯片、人工智能等技术的进步，脑机接口迎来了新突破，开始进入快速发展的阶段。清华大学团队通过和临床医生合作，不懈努力，也研发出了一种全新概念的脑机接口技术——微创脑机接口（NEO）。

无线微创植入脑机接口（NEO）系统及其体内机的设计合成图

一般人的颅骨厚度为 6 mm 到 1 cm，两侧和后脑更厚，这足够嵌入电极和处理芯片。手术完成后，患者很快就可以回家，因此无线微创脑机接口技术更具长久性。

这种技术是把神经传感器和处理器都嵌在头骨里面，通过与 WiFi 通信类似的技术，隔着头皮把神经信号传出来，同时采用类似手机充电的感应耦合技术，给里面的传感器、处理器供电。一元硬币大小的体内机，整合了大量神经传感、信号处理和无线通信、无线供电的芯片，与头皮外面的体外机“里应外合”，没有任何创伤地传递信息，在大大降低神经损伤的前提下，获得了最高的通信带宽。

这里可以做一个形象的比喻，如果把大脑比作一个熟鸡蛋，剥开鸡蛋壳之后，还有一层白色的保护膜，便相当于大脑的硬脑膜，可以保护大脑环境不受外界干扰，细胞不受损伤。把电极放在硬脑膜上，将 329 个零件放在硬币大小的钛壳之中，再将两枚硬币大小的脑机接口植入高位截瘫患者的颅骨中，便可以采集感觉运动脑区神经信号，实现手部抓握动作的解码。

团队和神经外科医生合作，只用 3 个颅内电极便实现了微创植入脑机接口打字，速度可达到每分钟 12 个字符，每个电极的等效信息传输率达到每分钟 20 比特。美国 BrainGate 侵入式脑机接口系统的最高水平，是每个电极等效信息传输率每分钟 2 比特，清华大学团队的微创脑机接口技术将这项指标提升了 10 倍。

脑机接口的通信速度决定了用户的体验和可能的场景。慢速的脑机接口，1 分钟只能打出“嗨”；速度提高 10 倍后，1 分钟可以打出“祝福大家新年皆得所愿”。

脑机对话，无限可能的未来

脑机接口改变人类生活的进程已经开始，例如，只用戴脑电帽的无创脑机接口，已经在互动游戏中崭露头角；帮助提升睡眠质量的脑机接口，实现家居环境控制的脑机接口，都有了初级的产品。这些产品，虽然还不完美，但脑机接口技术不断完善、走进生活的趋势已经势不可挡。

中国科学院院士、中国科学院脑智卓越中心学术主任蒲慕明介绍，目前脑机接口的应用主要是在医学领域，全球科学家开展的脑机接口临床试验，多数都是针对高位截瘫患者的功能恢复。

目前，全球首例接受 NEO 植入的患者是一位因车祸引起颈椎处脊髓完全性损伤的男性。在完成 NEO 临床植入试验后，患者经过 3 个月的居家康复训练，已经可以通过脑电活动驱动气动手套，实现自主喝水等脑控功能。在长达 14 年的时间里，患者都无法自行喝水吃饭，这对他来说，是一个质的变化。

为了保证脑机对话的私密性，团队在电源管理中设置了认证芯片，体内与体外机必须完成配对，才能启动人体内的信号采集系统，保护患者的隐私安全。植入颅骨的体内机无须电池，

患者可以终身使用，手术 10 天后即可出院回家。

在这场脑机对话中，电脑可以做到立即感应。经过测试，需要 250 ms 甚至更短时间，电脑便会快速读懂患者的想法，判断是抓握、保持还是松开，实现精准解读。在与电脑“对话”时，人脑并不需要依靠强大的意念或重复思考去传达信息。

在临床试验中，除了读取大脑运动皮层信息，研究团队还专门设计了对大脑感觉信息的记录通道，不仅可以记录运动皮层，还能记录感觉区皮层的反馈信息。当大脑能够接收到发出动作的反馈信息后，动作思维就形成了一个完整的信息回路，将大大提升脑机接口在神经医学领域应用的效果。比如癫痫治疗，在有效果之后就可以停止信号刺激，因此这是一个闭环系统。

微创无线脑机接口的成功植入及意念控制光标的实现，有望为高位截瘫、肌萎缩侧索硬化等神经功能障碍患者提供全新的康复治疗方向，为患者恢复生理功能、回归社会带来新的希望。这项技术一旦成熟应用，受益的将不仅仅是高位截瘫患者，对于下肢残疾患者、脊髓损伤患者，甚至渐冻症、抑郁症、癫痫、阿尔茨海默病等患者都有相应的医疗助力。以渐冻症患者为例，患者四肢的运动神经元几近凋亡，丧失了运动和感觉的能力，如果能将这套脑机接口系统连接到患者的大脑运动皮层，就可

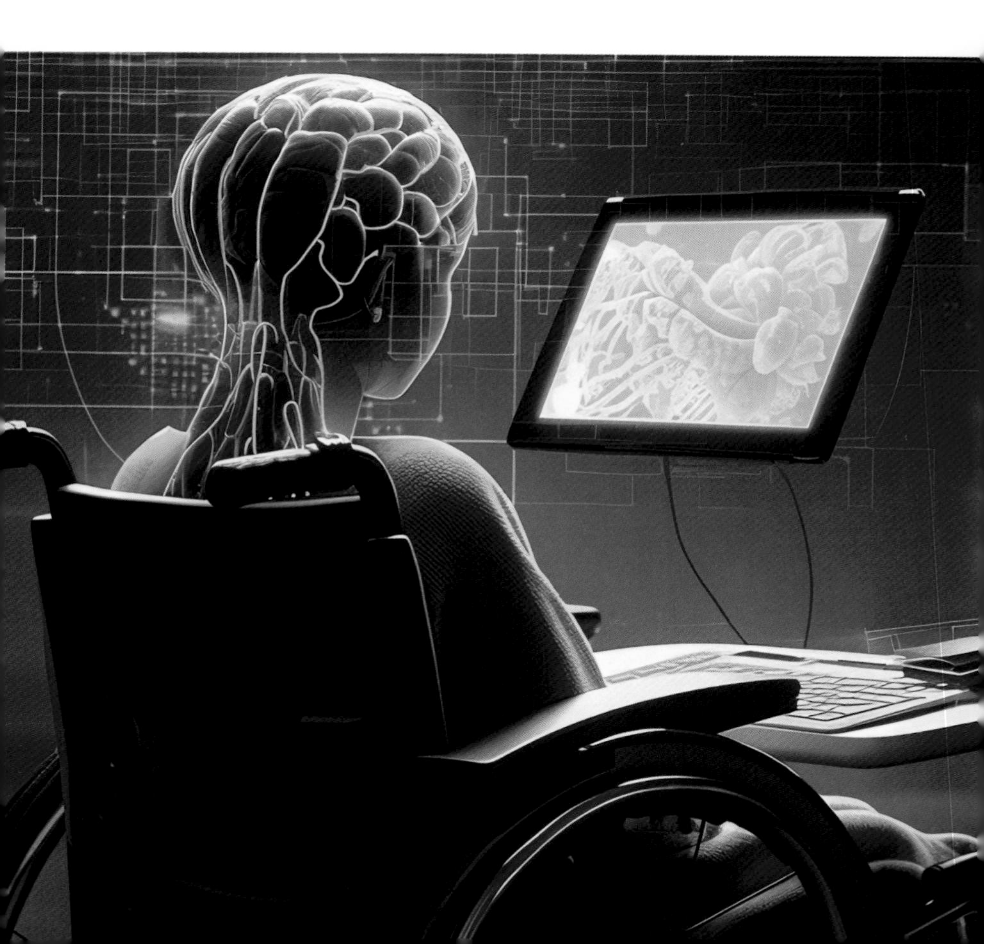

以控制电脑屏幕的光标。因此，将来可以为渐冻症患者制造脑控的鼠标和键盘，用脑机接口技术操纵电脑打字，帮助渐冻症患者写文章并和他人交流。

这项技术未来是否可以用作语言解码，我们也在开展更精准的研究，试图揭示人脑中如何编码汉语的语音和语言。如果再向远展望，脑机接口技术不仅可以帮助残疾患者，更重要的是，它有可能成为未来人类进化中的重要一步。人类的行为是一种智能，富有灵活性和创造力，而机器的行为更加精准高效，又是另外一种智能，两者的融合将构建一个无限可能的未来。

也许一二十年后，更加轻巧微创的脑机接口会像今天的智能手机一样，每人都会拥有一个，装在眼镜上或者戴在耳朵上，直接连通我们的大脑和智能手机。甚至，智能手机可能也不需要了，脑机接口就是未来的智能手机，成为我们和外界信息交流的主要媒介。

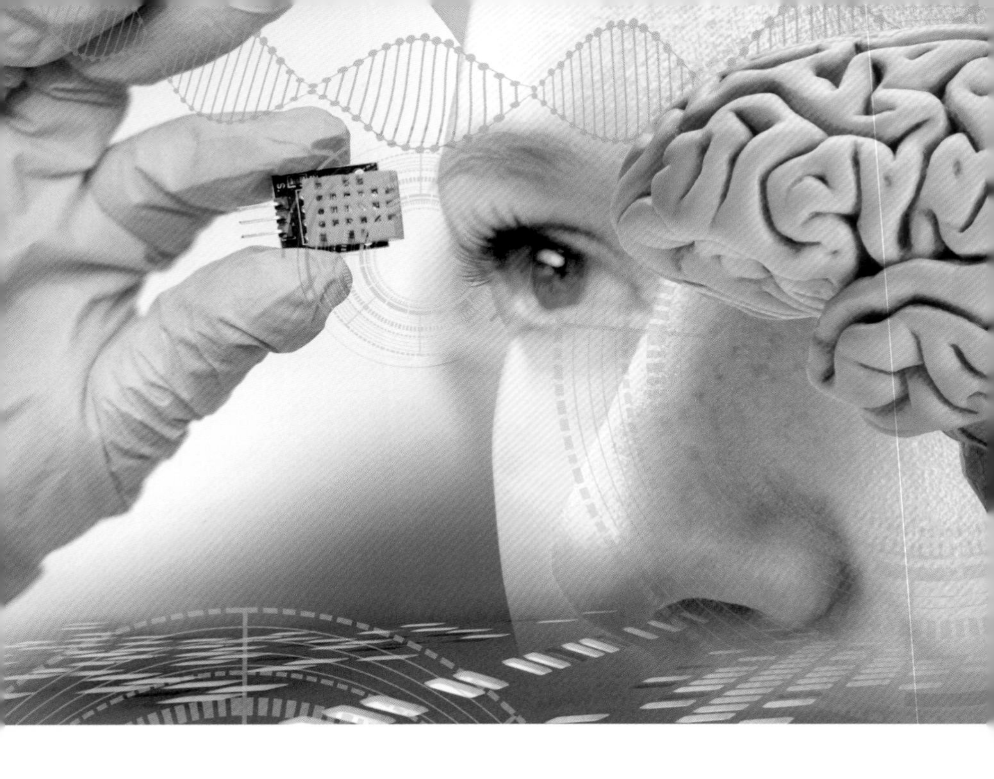

畅想“数字永生”

大家对于科幻电影中所展现的一些前沿概念都有着乐观的展望，但我们认为，实现数字永生要经历三个阶段。第一阶段，用脑机接口技术帮助残疾人以及一些特殊疾病患者，这也是我们当前所处的阶段。第二阶段，实现人脑智能和机器智能的融合交互。完成这两个阶段后，我们才有可能进入第三阶段，实现所谓的数字永生。人类作为一个意识主体，形成意识的关键

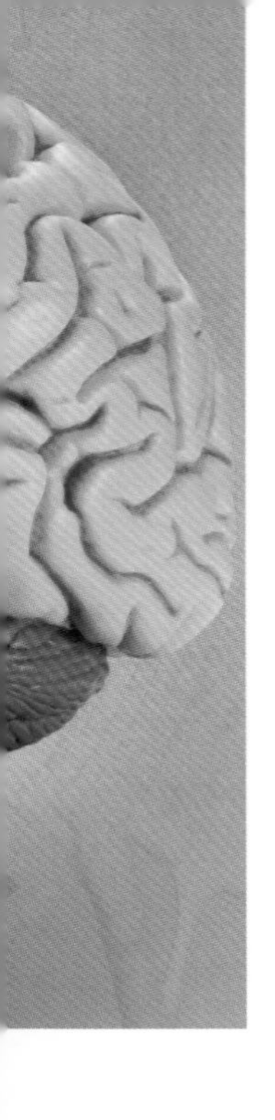

机制是什么，目前尚未揭示。数字永生相当于将人类大脑中所有的神经细胞及连接的信息都复制到硅基计算系统中，用高维度的数理方程来定义一个意识主体。即便这一畅想可以实现，实现过程中所面临的科学问题也仍然非常复杂。

我们如今的带宽还不足以实现人机的智能融合，只有充分了解了人类大脑的各种工作机理，我们才能够在计算机人工智能和人类智能的接口之间实现更高的带宽。能否在近期让这样的科幻照进现实，我们可能要持悲观态度。如果说脑机接口技术是一本一百页的书，现在可能才刚翻开第一页，只有等翻到第九十页时，我们对于意识产生的机制或许才能得出一些答案。

在这个过程中，有多个技术“瓶颈”需要突破，首先，要对脑科学的研究实现突破，至少要清楚地知道，究竟需要多少个电极，将电极放在大脑中的哪些地方才可以实现结合。其次，需要科研团队进一步改进脑机接口系统的解码算法，比如语言解码。如果想用脑机接口技术写文章或小说，如何设计人类语言的解码算法，更何况这个语言大模型的机制还不一样，这些都需要持续研究。

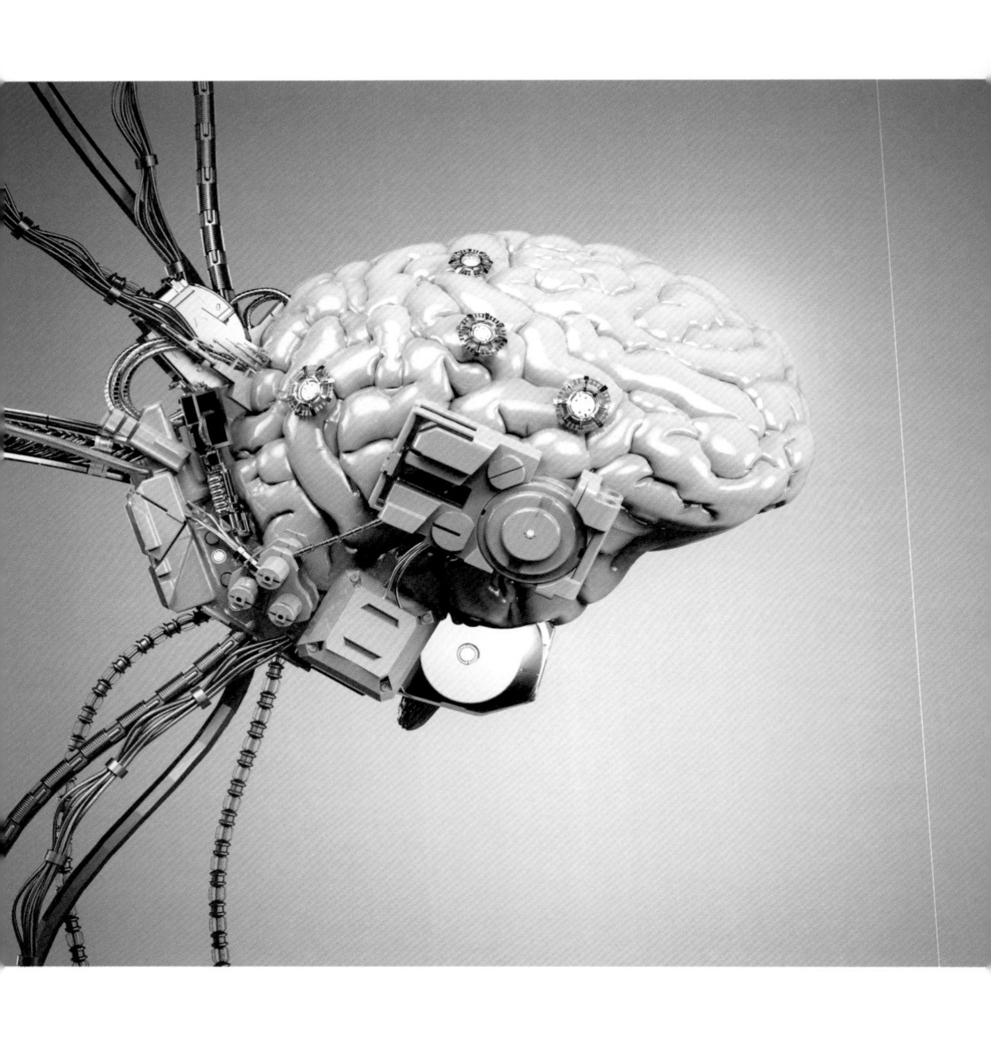

也许未来的某一天，我们想听一首歌，只要在脑海里回忆一下它的旋律，脑机接口就会自动播放出来；我们想向朋友问个好，或者回复一条微信，只要想一想，脑机接口就会自动帮我们发出去。让硅基的芯片和碳基的大脑直接对话，这是一个宏大而激动人心的科学目标，我们已经在路上。

科学技术的进展，从来都以人类难以设想的场景落地实现，脑机接口也同样存在这个问题，那么，我们如何保证科技向善？近日，我国首部《脑机接口研究伦理指引》公布，明确了脑机接口研究的六项基本原则，分别是：保障健康、提升福祉；尊重被试、适度应用；坚持公正、保障公平；风险管控、保障安全；信息公开、知情保障；支持创新、严格规范。

由此观之，科技是没有价值观的，而人有，因此向善的只能是技术的开发者和使用者。

脑机接口技术发展简史

1924年

德国精神科医生汉斯·贝格尔发现了脑电波。

1969年

研究员埃伯哈德·费兹将猴子大脑中的一个神经元与放在它面前的一个仪表盘连接起来。猴子最终学会了控制神经元的触发，成了第一个真正的脑机接口被试对象。

1998年

布朗大学的科学家团队开发出可以将电脑芯片和人脑连接的技术，使人脑能对其他设备进行远程控制，为脑机接口技术的发展指明了方向。

2005年

一位四肢瘫痪的患者用侵入式脑机接口来控制机械臂，并能够通过运动意念完成机械臂控制、电脑光标控制等任务。

2012年

巴西世界杯期间，身着机械战甲的截肢患者凭借脑机接口和机械外骨骼开出了一球。

2014 年

华盛顿大学的研究员通过网络传输脑电信号实现直接“脑对脑”交流。

2016 年

斯坦福大学的研究者往两只猴子的大脑内植入了脑机接口，通过训练，其中一只猴子创造了新的大脑控制打字的记录——1 分钟内打出了莎士比亚的经典台词 "To be or not to be. That is the question"。

2019 年

Space X 及特斯拉创始人埃隆・马斯克宣布，可以直接通过 USB-C 接口读取大脑信号。

2023 年

首都医科大学宣武医院与清华大学合作进行了首例无线微创植入脑机接口（NEO）系统及其体内机手术。术后，这位四肢瘫痪 14 年的患者在接受居家脑机接口康复训练后，实现了自主喝水等脑控动作。

2024 年

埃隆・马斯克宣布，其脑机接口公司（Neuralink）已完成首例人类大脑设备植入手术，接入者“恢复良好”。

科幻作品中的十大未来科技

Top 4

纳米机器人

“吞下”一名外科医生

领　　域	机器人
未来科技名片	可在体内行使功能的医学纳米机器人，用于疾病诊断、手术、组织修复和再生等用途
科学家名片	聂广军，国家纳米科学中心研究员，博士生导师，课题组长，获中国科学院“百人计划”海外杰出人才择优支持，科技部973（纳米重大研究计划）首席科学家 马晓途，北京大学副研究员，硕士生导师。中国医药生物技术协会生物医学成像技术分会常务委员/秘书长

科幻作品中的纳米机器人

纳米机器人是科幻作品和电影中的常客，有的时候是绝对的主角，在科幻的世界里大杀四方；有的时候是耀眼的配角，配合主角施展绝技。在许多人的印象中，它们就是缩小到极致的“变形金刚”。

1984 年，科幻作家格雷格·贝尔的《血音乐》拿下雨果奖最佳中篇小说奖。小说的背景设定是美国加州“酶谷”的生物公司，基因工程专家弗吉尔违反公司规定，利用实验室设备研制超微小智能生命体。即将大功告成之际，公司发现了弗吉尔的不当行为，将他扫地出门，并勒令他销毁研究成果。但弗吉尔隐隐感到这是一个前所未有的突破，于是表面答应了公司的要求，背地里却偷偷保留了样本，并将其注入自己的血液，带出了实验室。

在弗吉尔看来，自己是这些智能生命体的“母亲”，有义务保护它们。但他不知道，这群毫不起眼的小家伙竟然彻底改变了人类和整个世界，甚至颠覆了宇宙的法则。这部小说也被认为是首部描写纳米技术的科幻小说。

纳米技术在《血音乐》发表之后突飞猛进，纳米机器人也在科幻作品中出现得越来越频繁。到了小说《猎物》中，作者

迈克尔·克莱顿更是将尖端纳米技术与科学伦理结合了起来，从人类发展的角度进行了反思。

小说中，一群纳米机器人逃出了实验室，它们迅速完成智能进化，并按照主人公主持编写的程序成功运行。失去控制后，这些纳米机器人变成了现实世界中的可怕感染者，不仅在行动上像个入侵者，还不断地自我复制，开始感染沙漠中的动物，甚至包括人。主人公在其他同事的帮助下找到了纳米机器人在沙漠里的巢穴，并消灭了它们，但是回到基地后，发现同事已经被纳米机器人感染。最终实验室被烧掉，被感染的同事也失去了生命。故事的结尾，主人公发现，原来这些逃出实验室的纳米机器人是人为放出去的，这场悲剧本可以避免。

作者将这样一个问题留给了读者：人类应该如何把握科技赋予的力量？

聂广军

国家纳米科学中心研究员

科技部 973（纳米重大研究计划）首席科学家

来自微观世界的猜想

受科幻小说和科幻电影的影响，我们想象中的纳米机器人或许像勤劳的蜜蜂一样，在受损的星际战舰船体上忙碌工作，把破损的结构拆除、分解、修复；或许像穿着铠甲的健康战士，在人体的血管中穿梭，它们有手有脚，可以吞噬病菌，可以喷出药物，可以切割病灶；或许和人工智能联手，成为极其优秀的情报特工……

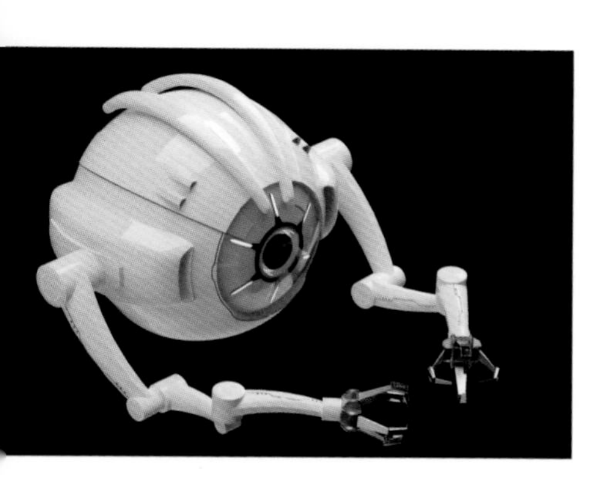

但实际上，纳米机器人是机器人工程学的一种新兴科技，纳米机器人的研制属于分子纳米技术的范畴，是在纳米尺度上应用生物学原理，发现新现象，研制可编程的分子机器人。

率先提出纳米技术设想的是诺贝尔奖得主、理论物理学家理查德·费曼，他于 1959 年率先提出利用微型机器人治病的想法，用他的话说，就是“吞下外科医生”。

1 nm 是多大?

1 nm是1 m的十亿分之一，比头发丝还细小得多（头发丝大约是50 μm，即5 万 nm），不仅肉眼根本看不见，就是普通的光学显微镜也无能为力。目前，我们所知的最精密的机械加工精度大约是5 nm，这还是芯片厂商通过数十年的不断进步所取得的惊人成绩。

精准抑瘤
——血管里的迷你医生

目前临床上治疗恶性肿瘤的有效方法仍然是化疗加放疗，尽管取得了很大的成就，但是在治疗疾病的同时也带来了很多不良反应。而借助纳米机器人将药物精准输送至肿瘤细胞，从而定向杀死癌细胞但又避免危及周围的健康组织，才是许多科学家梦寐以求的。

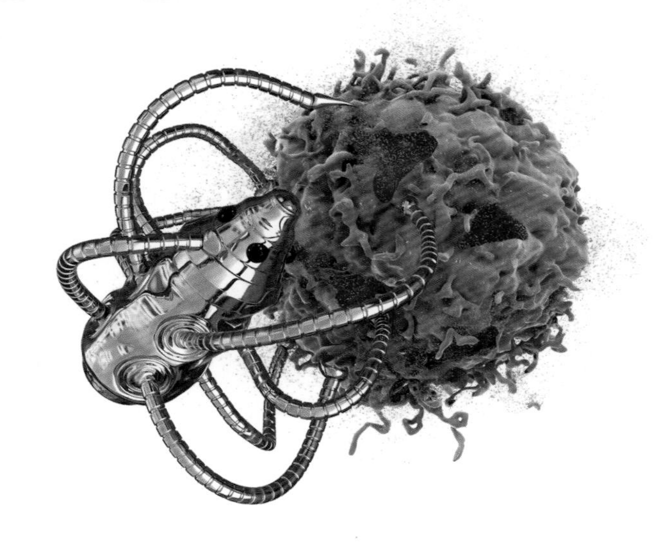

过去几年，国外学者在这个领域做出了一系列可圈可点的成果，其中比较有代表性的成果是 2016 年来自加拿大蒙特利尔工学院研制出的一款纳米机器人，能够在人体血管内运行并可以将抗癌药物精准地递送到肿瘤细胞中。这款纳米机器人实际上可以看作一群细菌，每个细菌都有鞭毛并且可以携带药物自我推进。由于这些特殊的细菌携带了“氧气浓度测量感应器”，所以能够通过感应低氧环境进入肿瘤内部（对实体肿瘤来说，肿瘤细胞快速增殖消耗大量氧气后会出现缺氧区）。

我国的科学家在纳米机器人研究领域也做出了一系列重要成果，发明了一种用 DNA 制成的纳米机器人，可以用于携带凝血酶精准定位到肿瘤细胞，可有效杀死肿瘤细胞，并且在多种小鼠肿瘤模型中取得了较好效果，没有引起明显的免疫反应。

在这款 DNA 纳米机器人中，研究人员首先利用 M13 噬菌体基因组 DNA 制作了 90 nm × 60 nm × 2 nm 的矩形 DNA 折纸层（Rectangular DNA origami sheet），然后将其连接上凝血酶（Thrombin），形成管状纳米机器人。

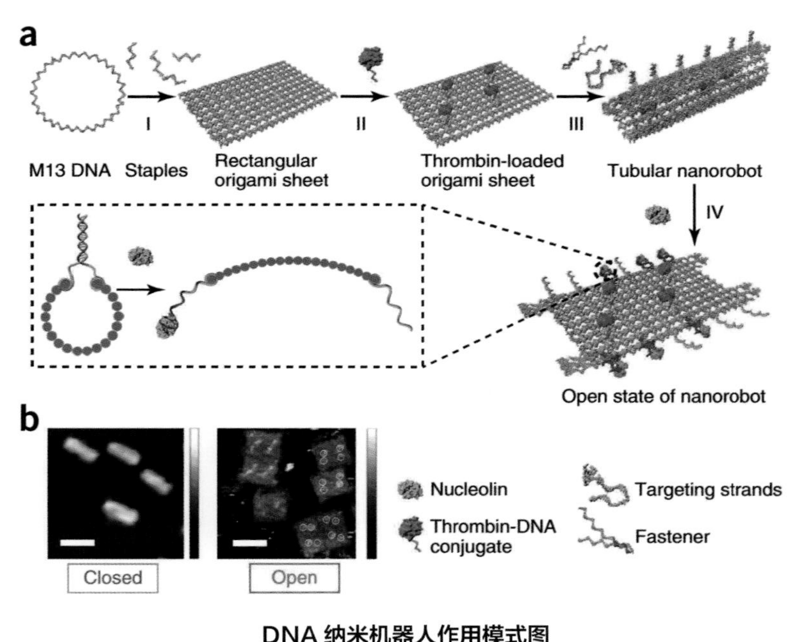

DNA 纳米机器人作用模式图

然后，研究人员还设计了一种 DNA 紧固件（Fastener），其结合核仁素（Nucleolin）（一种肿瘤血管细胞表面特异性蛋白）后能解开管状的纳米机器人。

管状纳米机器人打开后，暴露出凝血酶，凝结供应到肿瘤细胞的血液，从而便可以有效地切断输送到肿瘤的营养物质并最终将肿瘤细胞杀死。

为了验证这套纳米机器人系统在活体的作用效果，研究人员在小鼠乳腺癌、黑色素瘤以及人卵巢癌模型中进行了检测。研究发现，相比对照组，纳米机器人能在肿瘤血管内引起大量血块，但不会引发其他正常部位的异常，最终缩小了肿瘤并使小鼠有了更高的存活率。

这是纳米机器人应用于肿瘤治疗中的一项重要突破性成果，未来在临床医学领域具有广阔的应用前景。此外，该系统未来或许也可被拓展应用于其他的疾病治疗。

马晓途 北京大学副研究员

纳米机器人在未来将解决更多难题

纳米机器人的应用已经超越了医疗领域的边界，进入到多个交叉领域，为人们带来便利，并展现出广阔的发展前景。例如，在环境监测和治理领域，纳米机器人可以用于监测空气和水质的污染情况，检测有害物质和病原体的存在。它们能够在微小的环境中搜寻并降解或收集有害物质，比如在水体中清除重金属污染或石油泄漏，从而改善水体质量。在农业领域，纳米机器人可用于精确施肥和灌溉，通过监测土壤的湿度和营养成分来优化作物的生长条件。此外，它们还可以帮助控制害虫和疾病，减少化学农药的使用，从而提高农作物的产量和质量。纳米机器人在能源领域的应用包括提高太阳能板的效率、清洁和维护风力发电机，以及在传统能源开采过程中的应用，如提高石油回收率。它们还可以用于开发新型能源存储系统，比如更高效的电池和超级电容器。纳米机器人还有助于开发具有先进性能的新材料，如自我修复材料、更强的轻质材料和智能材料，这些材料能够根据外界环境变化其性质，在航空航天、汽车制造和建筑等领域具有重要应用价值。

除了肿瘤治疗，纳米机器人在药物递送、组织工程和再生医学中也显示出巨大潜力。它们可以用来递送药物到普通疗法难以到达的病变部位，或用于修复和再生受损的组织和器官。在信息技术领域，纳米机器人可被用于开发更小型、更高效的数据存储设备，通过利用纳米尺度的精确操控能力，实现未来数据存储的重大突破。

纳米机器人在这些领域的应用展现了巨大的潜力，随着研究的深入和技术的进步，纳米机器人在未来将解决更多难题，为社会的各个方面带来颠覆性的改变。

如何让纳米机器人动起来并到达指定位置

在微观尺度下，传统的运动和动力方法常常不再适用，因此纳米机器人的运动和到达指定位置的方式需要利用特殊的机制和能量来源。化学驱动是一种常见的为纳米机器人提供动力的方法。这种方式通常涉及将纳米机器人暴露于某种化学物质中，该化学物质与纳米机器人表面发生反应，产生能量，从而推动纳米机器人移动。例如，某些纳米机器人能够在氢过氧化物溶液中分解该化合物，释放氧气泡，产生推力。通过外部磁场，可以精确控制纳米机器人的移动方向和速度。磁场驱动的纳米机器人通常包含磁性材料，如铁磁性纳米粒子。操作者可以通过改变磁场的方向和强度，远程操纵纳米机器人在体内或其他环境中移动。

与磁场驱动类似，电场也可以用来控制纳米机器人的运动。通过在纳米机器人周围施加电场，可以诱导电荷分布的变化，从而产生力量推动纳米机器人移动。光驱动技术利用光能来操控纳米机器人。例如，某些纳米机器人表面镀有金属，当这些金属接收到特定波长的光时，能够转换成热能，导致周围局部液体的温度发生变化，进而产生热毛细管效应并推动纳米机器人移动。利用超声波等声波技术也可以控制纳米机器人的运动，超声波可以产生微小的力量，推动或操纵纳米机器人在流体中的移动。此外，生物分子驱动也是控制纳米机器人运动行为的重要方法。这种方法利用生物分子，如 DNA 或蛋白质的自然运动能力来驱动纳米机器人。例如，DNA 纳米机器人可以通过 DNA 分子间的相互作用和形态变化来实现移动和任务执行。

这些驱动方法各有优势和应用场景，研究者可根据纳米机器人的具体任务和工作环境选择合适的动力解决方案。随着纳米技术和微流体学等领域的进步，在纳米机器人的动力系统方面将会有更多的创新和突破。

仿生和智能的纳米机器人——纳米生物机器人

作为仿生和智能的纳米机器人，纳米生物机器人在疾病的诊断和治疗中展示出广阔的应用前景。纳米生物机器人已成为肿瘤免疫治疗的未来发展方向之一，包括嵌合抗原受体 T 细胞免疫疗法（CAR-T）和溶瘤病毒在内的生物机器人已取得显著的临床治疗效果，多款产品已获批上市。作为纳米生物机器人的重要组成部分，细菌机器人的多项Ⅱ期和Ⅲ期人体临床试验正在开展当中，有望取得突破性临床进展。

传统的第一代细菌机器人利用天然细菌发挥抗肿瘤作用，例如美国 FDA 批准的治疗膀胱癌的卡介苗（BCG），虽然具有较好的治疗效果，但是细菌的毒性阻碍了其进一步应用。随着分子生物学技术的快速发展，第二代细菌机器人或通过基因工程改造增强了抗肿瘤功能，或敲除毒力因子获得减毒细菌，极大提高了治疗效果和安全性。随着材料技术的迅速发展，科学家可以借助功能化的材料改造细菌机器人，构建生命系统和非生命材料的杂合体系，开发出更加安全、强效、智能的第三代细菌机器人。

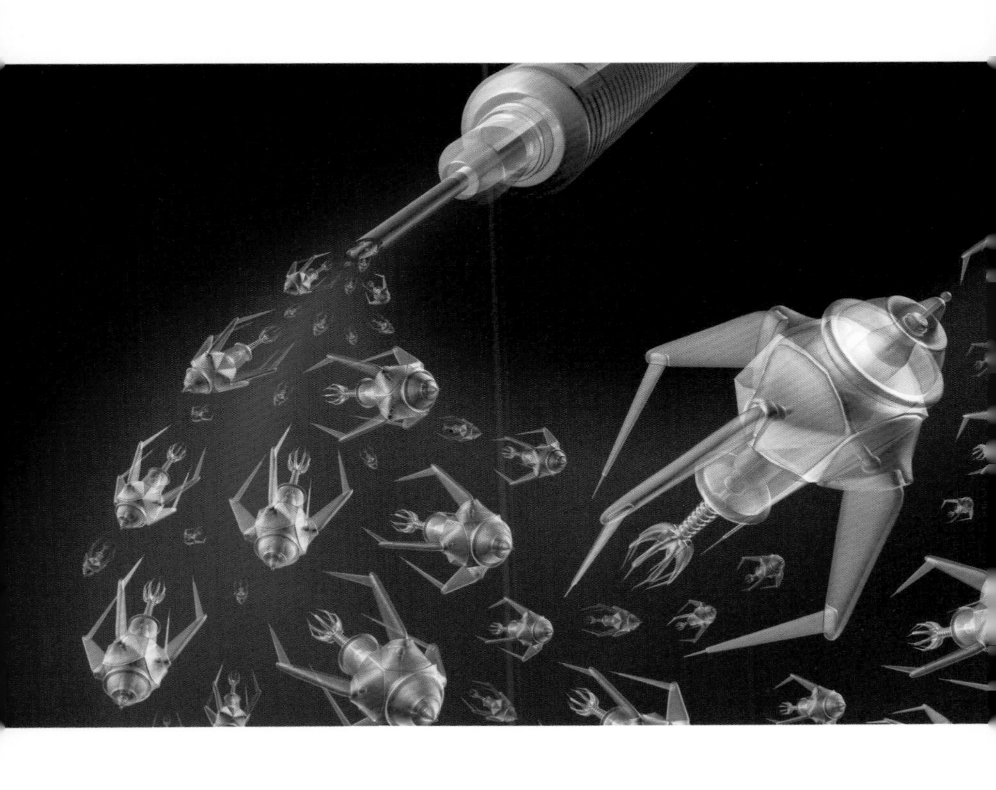

细菌机器人主要依赖其分泌的治疗性药物发挥抗肿瘤效应。静脉注射后，虽然大部分细菌机器人可以靶向定位到肿瘤部位，并在正常的组织器官内无法长期存活，但仍可能有少量细菌机器人分布到正常组织器官，例如肝脏和脾脏。精准控制细菌机器人的基因表达和药物释放行为，可以防止药物在正常组织器官释放并引起严重的不良反应。

然而，目前仍缺少有效的精准操纵手段。因此，科学家提出利用磁性 Fe_3O_4 纳米材料在交变磁场中的磁热效应，实现细菌机器人基因表达的时空操纵。

首先，利用基因工程和纳米技术对工程菌进行模块化设计和制造，可以方便后续的功能评价和性能优化。其次，与工业机器人类似，磁控工程菌系统由五个功能模块组成，包括主动导航、信号解码、信号反馈、信号处理和信号输出。主动导航模块对应工程菌的肿瘤靶向单元，借助 ClyA 蛋白展示系统将靶向分子 HlpA 展示在细菌外膜表面，靶向肿瘤细胞高表达的硫酸乙酰肝素糖蛋白（HSPG）；信号解码模块对应磁热转化单元，修饰在肿瘤靶向菌表面的磁性 Fe_3O_4 纳米颗粒能够接收磁场信号并将其转化为 42℃热量；信号反馈模块对应热敏荧光成像，磁热导致荧光分子 Cy5 和淬灭伴侣分子 BHQ3 的共释放，实现磁热激活的荧光活体成像监测；信号处理和输出模块对应蛋白表达和药物释放，在热敏启动子的控制下，磁热激活工程菌质粒中裂解蛋白的表达，实现工程菌的裂解和药物的释放。

该技术通过控制磁场的施加时间和强度，有效精准控制细菌机器人的药物释放行为。这种时空精准控制可以及时调整给药剂量和时间间隔。例如，在治疗效果较差时增加给药次数，或缩短给药间隔；或在不良反应较大时及时减少给药剂量。

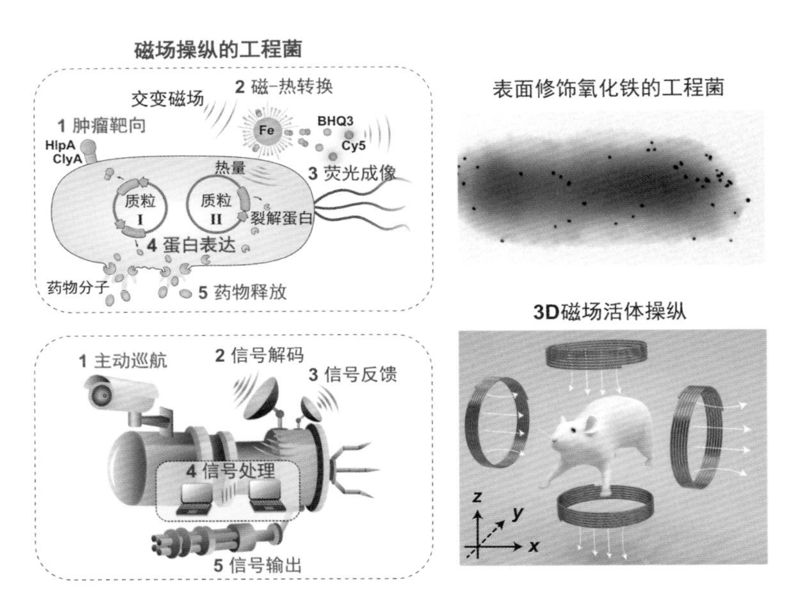

磁场控制工程菌的基因表达和药物释放行为

（图片来源：*Modular-designed engineered bacteria for precision tumor immunotherapy via spatiotemporal manipulation by magnetic field*）

纳米机器人的自我复制能力及风险——灰色黏液

纳米机器人的自我复制能力在理论上能极大提高其在各种环境中执行任务的效率和范围，比如环境监测、治疗疾病或进行复杂的材料制造。然而，这种自我复制的特性也带来了潜在风险。如果纳米机器人无限制地复制，可能会造成所谓的“灰色黏液”（Grey goo）情景。“灰色黏液”是一个科幻概念，也是纳米技术潜在风险的一个极端假设。这个概念最早由科幻作家 Eric Drexler 在 1986 年的书 *Engines of Creation* 中提出。灰色黏液指的是一种由自我复制的纳米机器人（或纳米级别的装置）构成的假想场景，这些机器人可以无限制地消耗地球上

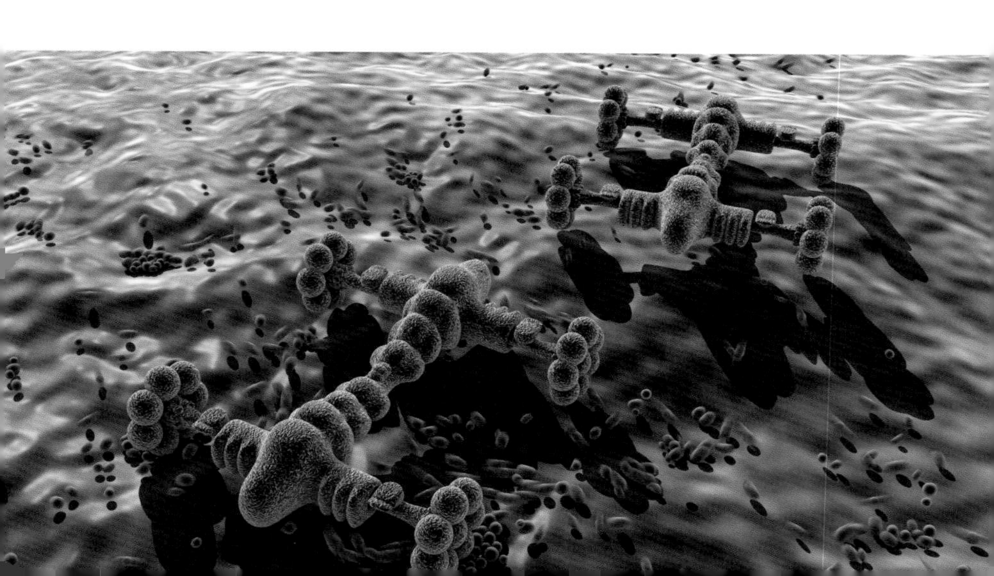

的所有物质来复制自身，最终可能导致生物圈的破坏，将地球变成一团由这些纳米机器人组成的“灰色黏稠物”。

这种假设背后的逻辑是，如果这些纳米机器人能够利用环境中的原材料（如土壤、水、空气等）进行自我复制，并且没有足够的安全措施来控制自身的增长或复制速度，那么它们可能无法控制地扩散，消耗一切可用资源用于复制自身。虽然“灰色黏液”是一个引人注目的概念，但科学界和工程界广泛认为这是极不可能实现的。当代的纳米技术和研究重点在于开发具有特定功能的纳米材料和设备，而不是自我复制的机器人。此外，任何设计纳米级别自我复制系统的尝试都会面临巨大的技术和伦理障碍。纳米技术的发展伴随着对潜在风险的认识和评估，科学家和工程师正在开发和实施各种安全措施来确保纳米材料和技术的安全使用，包括对环境和健康影响的评估，以及制定相关的规范和标准等。

为了避免纳米机器人自我复制的特性所带来的潜在风险，研究者和工程师进行了各种各样的探索。

（1）内置终止机制：在纳米机器人的设计中引入内置的终止机制，使它们在完成特定数量的复制周期后自动停止复制，或在特定条件下停止复制。这些条件可以是环境因素、能源供应限制或特定化学物质的存在等。

（2）外部控制：通过外部信号来控制纳米机器人的复制过程，如特定频率的光、磁场或电场。这要求纳米机器人能够感应到这些外部信号并相应地调整自身行为。

（3）资源限制：设定纳米机器人只能利用稀缺资源才能进

行复制，这些资源只能从特定位置获得或需要人为添加。这种设定确保了纳米机器人不能在没有人类干预的情况下无限制复制。

（4）自毁机制：为纳米机器人配备自毁机制，当它们检测到复制数量超过预定限制时，能够自动启动销毁程序，避免无控制的复制。

（5）伦理和监管：制定严格的伦理准则和监管政策，确保纳米技术的研究、开发和应用在安全和可控的范围内进行，通过法律法规限制可能导致无限制复制的研究和应用。

（6）模拟和预测：利用计算机模拟和预测技术，对纳米机器人的复制行为进行精确模拟，以预测和避免可能的风险。通过这些策略的结合使用，我们可以最大程度减少纳米机器人无限制复制带来的风险，同时发挥其在医疗、环境保护、材料科学等领域的巨大潜力。未来的纳米技术发展需要在创新与安全之间寻找平衡，确保技术的进步服务于人类的福祉，而不是成为威胁。

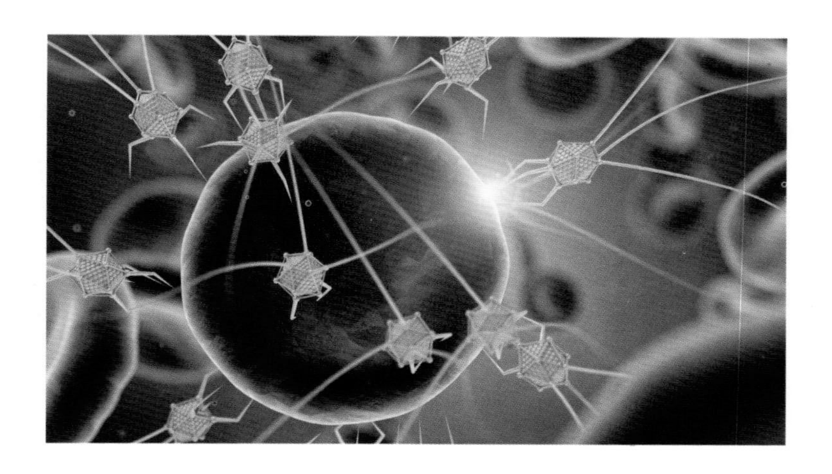

纳米机器人对未来人类健康的积极影响

纳米技术，一度只存在于科幻小说中，如今已成为现实。它让我们能够制造出远远小于一根头发直径宽度的设备和机器，从而彻底改变了从电子产品到纺织品再到化妆品行业的面貌。比如，正是依靠半导体行业的先进技术，通过对硅和金属的精细加工，才制造出了现代计算机不可或缺的微型电路和开关。

纳米机器人在医疗领域的应用前景极为广阔，可在多个层面上重塑未来的医疗健康模式。首先，纳米机器人能够实现精准药物递送，直接将药物运送到病变细胞或组织，极大提高治疗效果的同时减少对健康组织的损害。其次，它们可以进行高精度的病理诊断，通过进入体内探测并报告疾病标志物的存在，实现早期诊断和治疗，从而提高疾病治愈率。

尤其是在肿瘤治疗中，纳米机器人可以精确识别并杀死癌细胞，而不影响周围的健康细胞，从而实现靶向治疗，减轻患者痛苦，提高生存率。此外，纳米机器人还可用于组织修复和再生医学，通过直接在损伤组织处释放生长因子或细胞，促进组织修复和再生，对于慢性疾病和伤口愈合具有重要意义。

纳米技术通过降低医疗诊断的成本和提高其便利性，极大地促进了医疗诊断行业的发展。智能药丸就是一个典型例子，它让医生和患者能够监控多种疾病。这些智能药丸内置的纳米级传感器能够在症状明显之前就监测到疾病的迹象。例如，美国食品药品监督管理局在 2001 年批准的第一款智能药丸 PillCam 内置一个微型相机，用于监测肠道或结肠，寻找克罗恩病、内部出血或息肉等问题。药丸收集的数据会无线传输给患者控制的设备，使患者能够实时监测自己的肠道健康状况。药丸内置微型马达，可以定向导航至身体特定区域，拍摄照片并将结果发送给医生或患者。

纳米技术还能帮助我们更好地管理疾病，尤其是那些需要严格遵循药物治疗计划的疾病。研究显示，有多达 50% 的慢性病患者没有按照医嘱服药，但纳米技术能够提供自动释放药物的解决方案，帮助患者更好地遵守治疗计划。

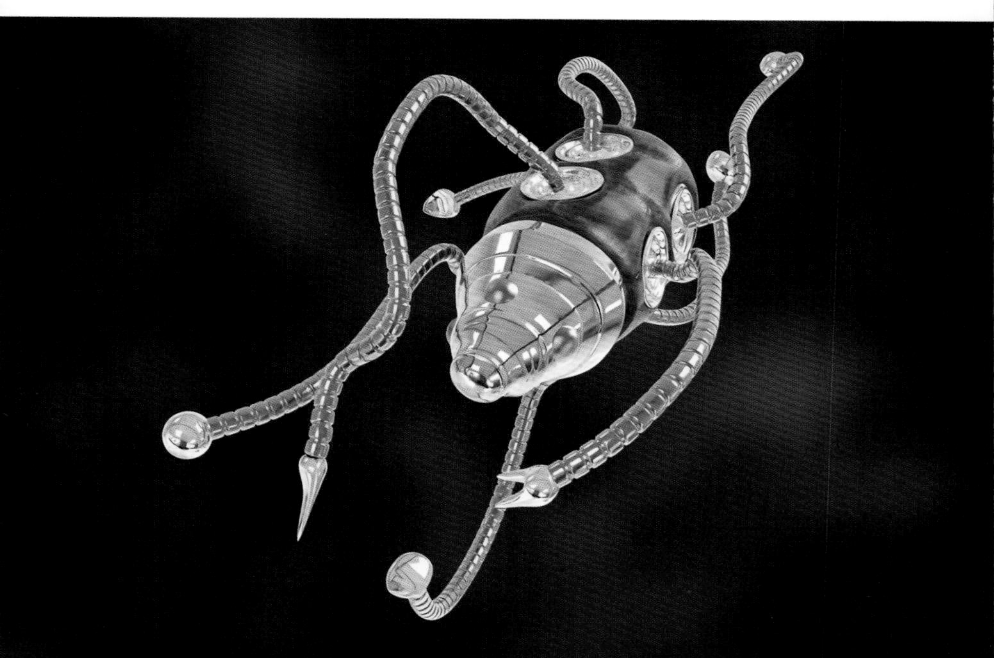

更重要的是，纳米技术还能帮助我们预防疾病。防病胜于治病，这是提高人们健康水平的关键。例如，在水资源匮乏的地区，水传播的疾病极为常见。利用纳米技术，我们现在可以用一种既经济又高效的方式检测水中的微生物污染，这对减少疾病和死亡具有重要意义。亚利桑那大学的研究团队就开发出了一种新技术，通过涂有荧光纳米粒子的纸片来检测诺如病毒，这种方式简便且成本低廉。

随着科技的进步和跨学科研究的深入，纳米机器人技术将在智能诊断、远程健康监测、老年病治疗等领域发挥越来越重要的作用。它们的小型化、智能化和功能多样化将开启个性化医疗和精准治疗的新时代，为人类健康带来颠覆性的改变。未来，随着纳米技术和人工智能等领域的突破，纳米机器人有望实现更广泛的医疗应用，如通过远程控制进行精确手术，或在体内自主巡视，实时监测和响应健康问题，进一步推动医疗健康领域的创新与发展。

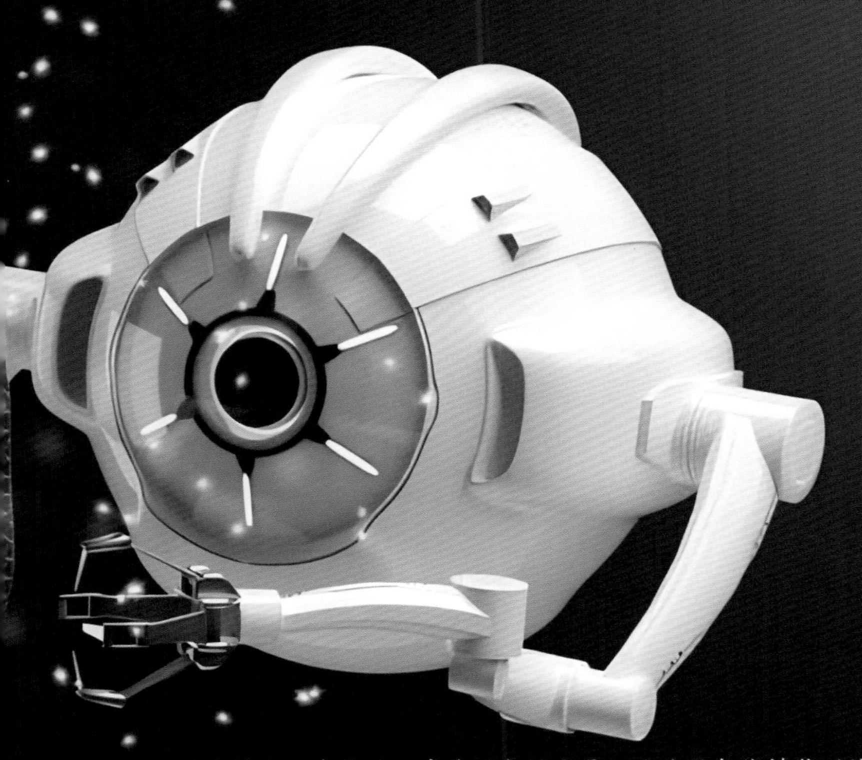

纳米技术还在推动可穿戴设备的发展，这些设备能够监测健康状况，甚至在检测到感染的第一时间自动释放抗生素。这些智能绷带不仅高效，而且由生物友好材料制成，可以安全地贴在皮肤上，直到自然分解。

科技的进步永无止境，纳米技术正开启新的可能性，让我们能够以前所未有的方式理解和操控物质。随着这项技术的发展，医疗领域将受益匪浅，不仅能够提供更精确的治疗方法，还能让预防疾病成为可能。通过吸引更多的科学家和工程师，我们能够不断拓展这一领域的创新和进步，最终，让这些先进的技术惠及每一个人，改变世界。

纳米机器人发展简史

1959年

诺贝尔奖得主、理论物理学家理查德·费曼率先提出纳米技术的设想，他在《在物质底层有大量的空间》的演讲中提出："人类会将纳米级微型机器人用于医疗。"

1990年

我国著名学者周海中教授在《论机器人》一文中预言：到21世纪中叶，纳米机器人将彻底改变人类的劳动和生活方式。同年，美国贝尔实验室成功制造出包含机械件、涡轮机和微电脑，尺寸与跳蚤相当的纳米机器人。

2010年

美国哥伦比亚大学研制出一种由DNA分子构成的纳米蜘蛛机器人，能够跟随DNA的运行轨迹自由地行走、移动、转向以及停止。

2012年

美国哈佛大学制造出一种可以传递分子和控制化学反应的"DNA纳米机器人"。

2018 年

中国国家纳米科学中心聂广军、丁宝全、赵宇亮教授等构建了一种能够在动物活体内定点输运药物的纳米机器人。该项成果在国际顶级期刊 *Nature Biotechnology* 发表之后，美国《科学家》(*The Scientist*) 杂志将其与液体活检、同性繁殖、人工智能一起，评选为 2018 年度世界四大技术进步，并入选了 2018 年“中国科学十大进展”。

2020 年

世界顶尖科研期刊 *Nature Materials* 发表论文，中国国家纳米科学中心丁宝全教授等设计开发了第一款 DNA 疫苗机器人，具有激活免疫系统对抗肿瘤复发和转移的功能。

2024 年

南京邮电大学汪联辉教授团队研制出 DNA 溶栓纳米机器人，相关成果发表在 *Nature Materials* 上。

科幻作品中的十大未来科技

Top 5

生物计算机

方寸世界的无限探索

领　　域	生物 / 计算机
未来科技名片	利用 DNA、RNA 及蛋白质等生物大分子，作为数据及信息处理的工具进行的计算系统
科学家名片	许进，北京大学计算机学院教授

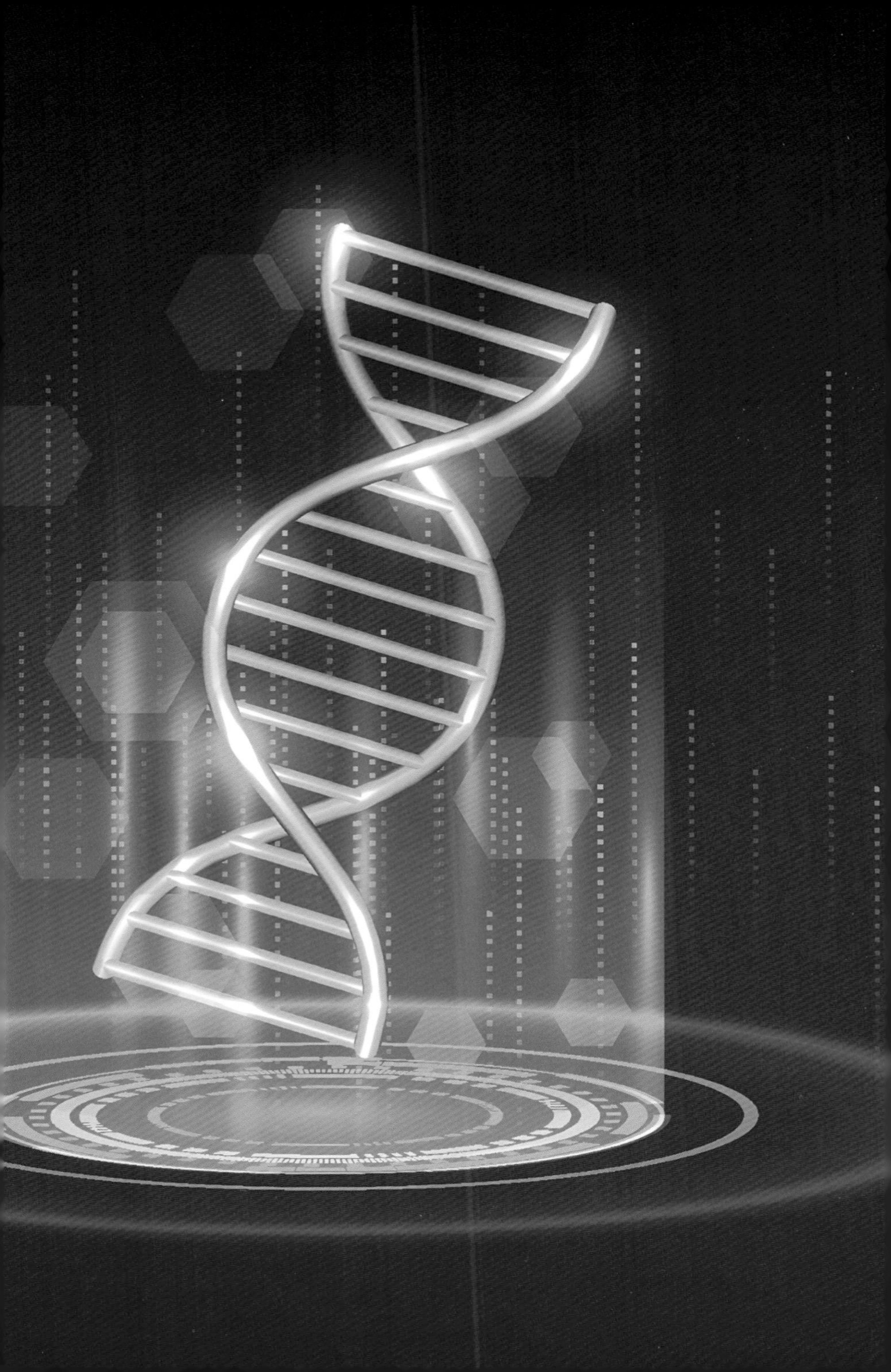

科幻作品中的生物计算机

我们平常看到的计算机，都是由金属及复合材料等制成的，但在格雷格·贝尔的《血音乐》里，生物学家却以自己的淋巴细胞为基质创造了一种蛋白质计算机，也就是我们今天要谈论的主角——生物计算机。

在很多科幻电影及小说中都有“生物计算机”的身影或雏形。在《终结者》系列中，天网便是一种以生物计算机为基础的智能系统，能够通过无处不在的摄像头获取世界上的大量信息，并拥有强大的计算能力和推理能力。

在《机器之心》中，人工器官被进一步发展成了一种可以实现人机融合的技术。主角通过一系列手术，将自己的大脑与一台先进的计算机连接在一起，使得自己可以通过思考来控制机器，并接受了许多人工器官的植入，例如人工眼睛和人工耳朵，以增强自己的感知能力。

科幻世界里生物计算机的神奇应用和超凡性能，都为人们提供了对于未来科技无限的想象空间。

许进 北京大学计算机学院教授

生物计算机——纳米计算机的家族成员

1. 计算工具是人类文明不可缺少的工具

伴随着人类文明程度的不断进步和发展，计算工具也随之进步与发展。人类文明可分为石器时代、铁器时代、蒸汽机时代、电气时代以及信息时代等阶段。在这几个阶段里，计算工具也历经了由简单到复杂、从低级到高级的演化过程，从“结绳记事”中的绳结，到算筹、算盘、计算尺、机械计算机，再到当今的电子计算机，它们都在不同的历史时期发挥了各自的历史作用。

电子计算机在其发展过程中，惊人地遵从摩尔定律，为人类文明的发展作出了巨大贡献。但是，半个世纪以来，科学家们却一直在考虑新型计算机模型的研制，特别是 2011 年，在纪念图灵 100 周年诞辰的时候，就曾面向全世界征集超越图灵机的新型计算模型。

在探索非传统的新型计算机模型的研究中，人们相继提出了仿生计算（人工神经网络、进化计算、PSO 计算等）、光计算、量子计算及生物计算等。目前所有的仿生计算均依靠电子计算机来实现；光计算的计算模型就是图灵机模型，但实现的材料是光器件，因此很难超越当今的电子计算机；量子计算在处理

NP 完全问题时的最好结果是：若在图灵机下算法复杂度是 n，则量子计算可将复杂度降低为$\sqrt{n}$。也就是说，量子计算模型实际上尚未超越图灵机模型。

2. 生物计算机能带给我们什么

蛋白质计算模型的研究始于 20 世纪 80 年代中期，Conrad 首先提出用蛋白质作为计算器件的生物计算模型。1995 年，Birge 发现细菌视紫红质蛋白分子可以设计、制造一种蛋白质计算机。进而，Birge 的同事，Syracuse 大学的其他研究人员应用原型蛋白质制备出一种光电器件，它存储信息的能力是目前电子计算机存储器的 300 倍，这种器件含细菌视紫红质蛋白，

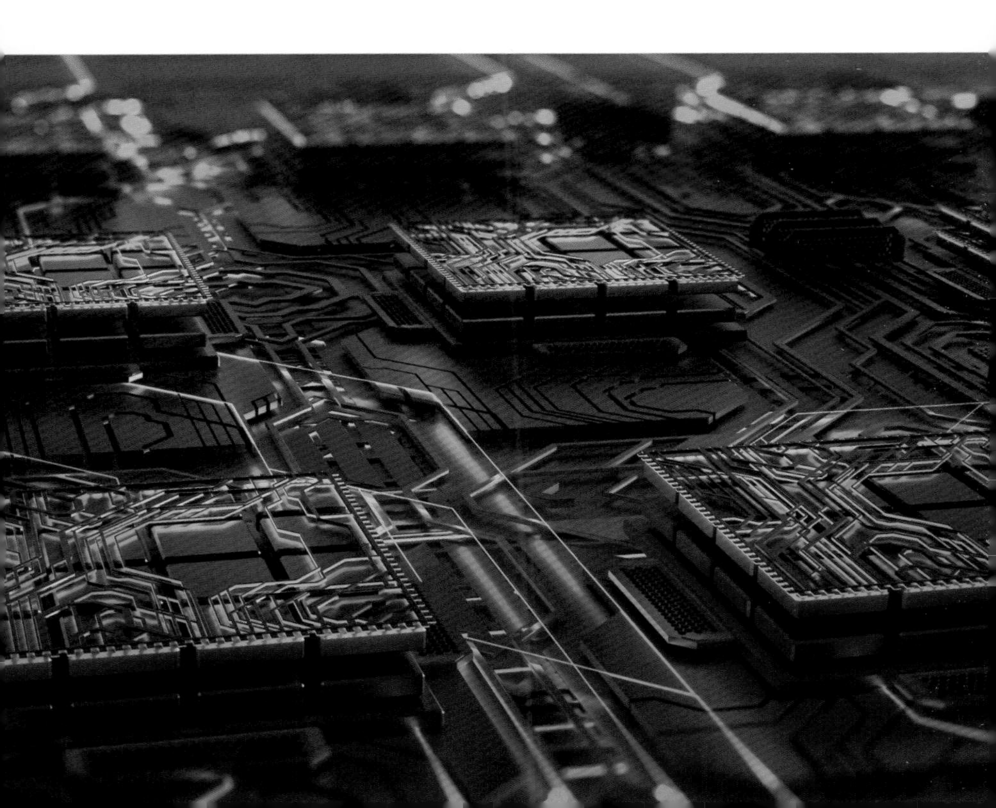

可利用激光束进行信息写入和读取。该蛋白质计算模型利用蛋白质的二态性来研制、模拟图灵机意义下的计算模型，应属于纳米计算机家族的一员。

生物计算机虽然目前还处于起步阶段,但随着科技的发展，未来的生物计算机在许多领域都会有广泛的应用前景。

比如，生物计算机具有生物活性，能够和人体的组织有机地结合起来，尤其是能够与大脑和神经系统相连。这样，生物计算机就可直接接受大脑的综合指挥，成为人脑的辅助装置或扩充部分，并能由人体细胞吸收营养补充能量。它将成为能够植入人体内，帮助人类学习、思考、创造、发明的最理想的伙伴。

此外，生物计算机能够通过生物、计算机、电子工程等学科专家的通力合作，实现多项式时间算法，突破计算时间的限制，提高计算机系统的计算效率。这将有助于解决复杂的问题，如科学研究和金融分析等。

在医疗健康领域，生物计算机可以用于研究和治疗各种疾病，如阿尔茨海默病、帕金森病等，还可以通过仿生学原理模拟人类大脑，进行神经科学研究。

在人工智能领域,生物计算机技术可以应用于机器人控制，实现智能制造和智能物流；还可以应用于智能城市的建设，通过模拟蚂蚁的行为等动物社会的运作方式，进行城市规划和设计等。

DNA 计算
——难以想象的惊人算力

1. DNA 计算占据主导

生物计算是指以生物大分子作为“数据”的计算模型，主要分为 3 种类型：蛋白质计算、RNA 计算和 DNA 计算。由于当今科技生化操作能力之故，使得生物计算目前主要集中于 DNA 计算。

DNA 计算是一种以 DNA 分子与相关的生物酶等作为基本材料，以生化反应作为信息处理基本过程的一种计算模式。从 1994 年至今，DNA 计算的研究已有 30 年。30 年来，DNA 计算的发展有两个研究分支，一种用于求解问题的计算模型，意在发展成 DNA 计算机；另一种可视为纳米机器人研究领域。DNA 计算最大的优点是充分利用了 DNA 分子海量存储的能力，以及生化反应的海量并行性。因而，以 DNA 计算模型为基础而产生的 DNA 计算机，必有海量的存储能力及惊人的运行速度。

目前关于 DNA 计算与 DNA 计算机方面的研究内容很多，研究方向主要涉及诸如模型构建、编码、检测、控制技术等方面。另外，在诸如密码分析与破译等问题上也均有突破性的研究。

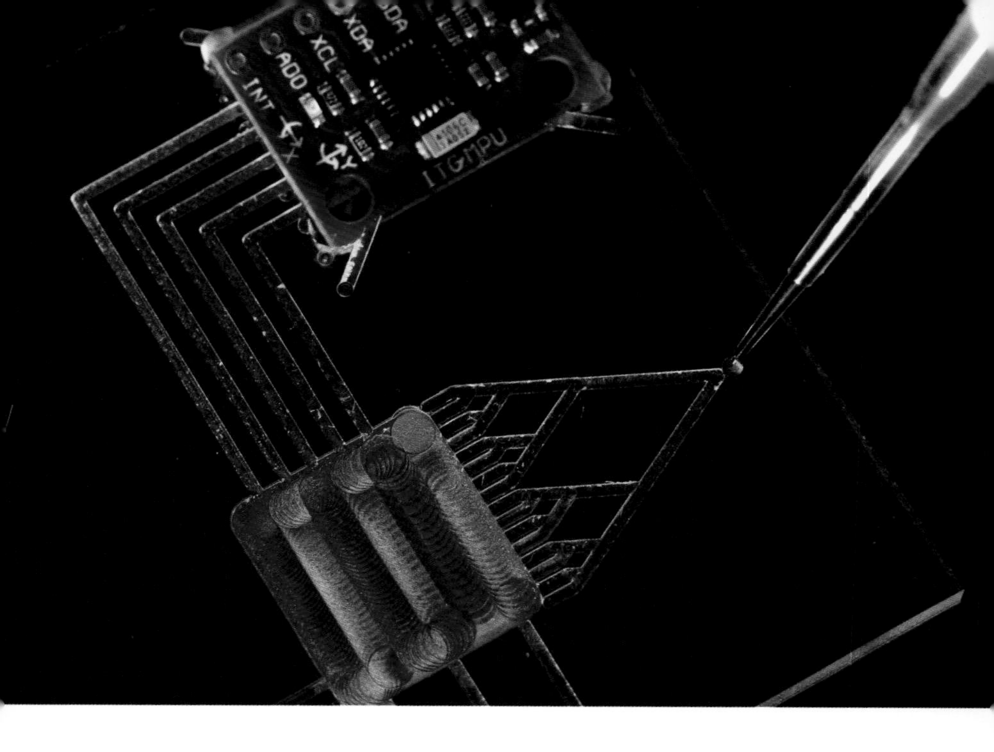

与 DNA 分子相比，RNA 分子在生物计算领域研究中更加侧重与有机体自身生物信息处理过程的结合，并将生物计算理念和技术与基因表达调控、疾病检测和治疗等进行有机结合。不过，由于 RNA 分子不仅在实验操作上没有 DNA 分子容易，在分子结构上也不如 DNA 分子处理信息方便，故目前对 RNA 计算的研究相对较少。所以，近 30 年来，蛋白质计算与 RNA 计算少有进展，但 DNA 计算发展很快。

2. DNA 计算模型的贡献

具体来讲，DNA 计算机模型克服了电子计算机存储量小与运算速度慢这两个严重的不足，具有如下 4 个优点。

（1）DNA 作为信息的载体，储存的容量巨大，1 m^3 的

DNA 溶液可存储 1 万亿亿的二进制数据，远远超过当前全球所有电子计算机的总储存量。

（2）具有高度的并行性，运算速度快，一台 DNA 计算机在一周的运算量相当于所有电子计算机问世以来的总运算量。

（3）DNA 计算机所消耗的能量只占一台电子计算机完成同样计算所消耗能量的十亿分之一。

（4）合成的 DNA 分子具有一定的生物活性，特别是分子氢键之间的引力仍存在，这就确保了 DNA 分子之间的特异性杂交功能。

由此可见，DNA 计算的每项突破性进展，都必将给人类社会的发展带来不可估量的贡献。

第一，DNA 计算机的研究在国防领域具有极为重要的意义。由于 DNA 计算的巨大并行性所导致的惊人速度，使得目前的密码系统对于 DNA 计算机而言已经失去意义。这就意味着，哪个国家在 DNA 计算机的研制中首先取得成功，哪个国家便在军事信息领域占据领先地位。

第二，DNA 计算机的研制对理论科学的研究具有无法估量的意义，特别是针对数学、运筹学与计算机科学。这是因为在理论研究中，许许多多的困难问题在 DNA 计算机面前可能变得非常简单。

第三，DNA 计算机必将极大地促进非线性科学、信息科学、生命科学等的飞速发展，进而推动诸如图像处理、雷达信号处理等领域的巨大发展，以及蛋白质优化结构的更深层认识乃至第二遗传密码的解决、天气预报更准确乃至整个气象科学的巨大发展等，也必将促使诸如量子科学、纳米科学等的巨大发展。

正是由于 DNA 计算机的上述重要意义，使得目前国际上关于 DNA 计算机的研究形成了一个新的科学前沿热点，正在极大地吸引着不同学科、不同领域的众多科学家，特别是生物工程、计算机科学、数学、物理、化学、激光技术以及信息等领域的科学家。

DNA计算与DNA计算机的基本原理

DNA计算是以DNA分子作为信息处理的“数据”，相应的生物酶或生化操作作为信息处理“工具”的一种新型计算模型。基于DNA计算模型研制的DNA计算机，与电子计算机在硬件、原理等方面均不相同。DNA计算模型的一般原理图，可简要地通过下图来描述：输入的是DNA片段和一些生物酶以及所需要的试剂等，然后通过可控的生化反应，输出DNA片段，这些DNA片段就是所需问题的解。

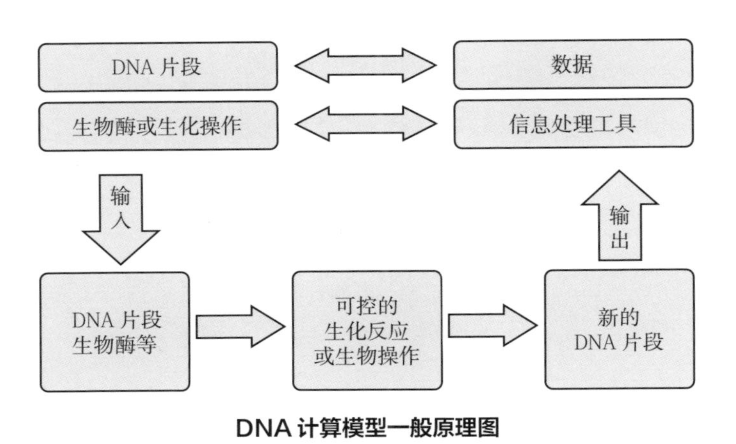

DNA计算模型一般原理图

DNA 计算机的研究进展

DNA 计算机的研究可分为两大方面。第一是用于纳米机器人的研制，这方面的主要工作是充分利用 DNA 分子之间的特异性杂交开展的自组装技术，研究成果重点应用于诸如疾病诊断治疗的自动化问题、癌细胞的消除等。如在 2004 年，以色列科学家在理论与实验方面均证明：DNA 计算机是进行疾病诊断治疗的新有力手段。第二是用于信息处理的计算机研制，主要研究快速实用化的、至少在某些方面超越电子计算机的新型计算机。

从 1995 年起，由美国发起的生物计算机国际会议每年一届，一直延续至今。2006 年，由中国、美国、日本以及一些欧洲国家发起了一个规模更大的国际生物计算机会议，该会议每年一届。此外，在生物计算机方面发表的学术论文数逐年呈指数上升，而且国际上已出版了多部生物计算机方面的学术专著。

经过 30 年的研究，DNA 计算机无论在理论方面，还是在硬件研制方面都取得了极大进展。2007 年，我国成功建立了搜索次数可达 359 次的并行型 DNA 计算机模型。近两年我们利用自组装技术，成功研发了由 DNA 分子构成的几种重要结构，也极大地缩短了 DNA 计算机走向实用的周期。这些都表明一个新型的信息处理工具——生物计算机的时代即将来临！

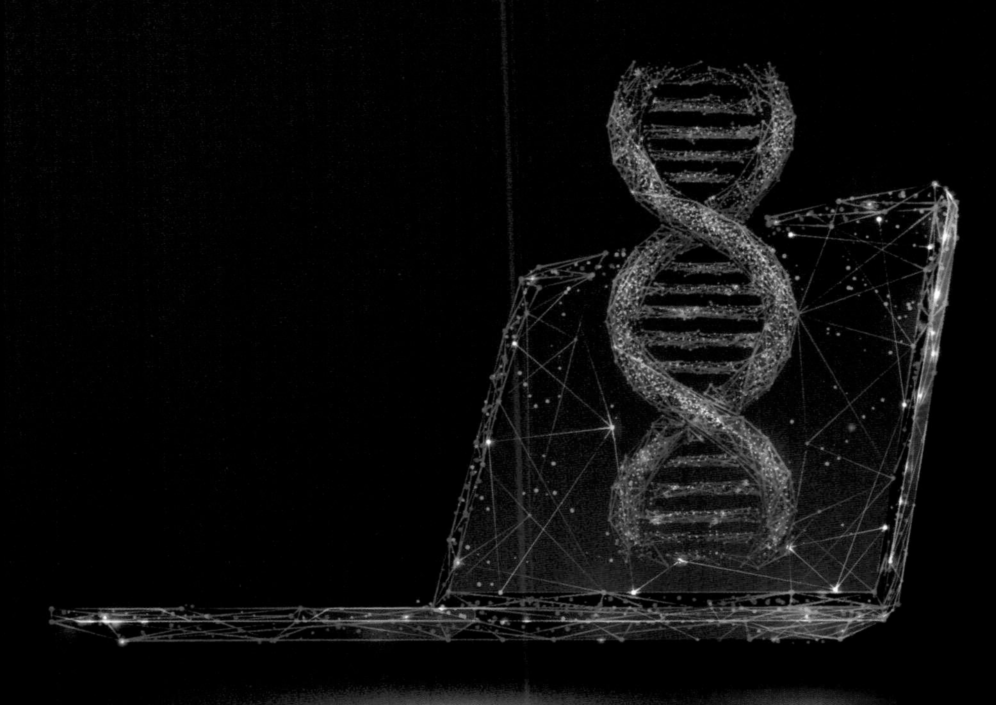

DNA 计算技术发展简史

1959 年

诺贝尔奖获得者理查德·费曼提出利用分子尺度研制计算机，这是关于生物计算的早期构想。

1994 年

Adleman 博士利用现代分子生物技术，首次提出了 DNA 计算方法，开创了 DNA 计算的新纪元。

1996 年

Roweis 等介绍了一种新的 DNA 计算模型——粘贴模型，并用此模型解决了最小集合覆盖问题和数据加密问题。

2002 年

Adleman 小组采用一种新的实验方法，设计出了半自动化自组装 DNA 计算模型。

2005 年

北京大学许进教授提出非枚举 DNA 计算模型，为 DNA 计算求解大规模问题奠定了基础。

2007年

北京大学许进教授提出并行型 DNA 计算模型，被誉为“继 Adleman 开创生物计算后最重要的突破”，预示着生物计算机时代的来临。

2016年

北京大学许进教授在研究生物计算过程中，提出了一种底层全并行的数学计算模型，称为探针机。

2020年

北京大学许进教授课题组设计了一种可复用的十字形 DNA 瓦片结构，相关成果以封面论文发表在 *Nanoscale* 上。

2022年

北京大学许进教授课题组设计提出了“纳米弹弓”结构的新型 DNA 别构信号转导机制。

科幻作品中的十大未来科技

Top 6

人体冬眠

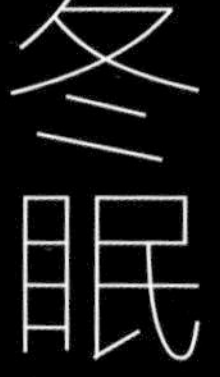

时空穿梭的核心开关

领　　域	生物
未来科技名片	利用人体冷冻等技术人工制造冬眠，延长生命
科学家名片	王健君，中国科学院理化技术研究所研究员

科幻作品中的人体冬眠

时间旅行无疑是科幻领域最令人着迷又最永恒的话题之一。人类登上时间机器，就可以利用控制系统选择时间轴上的任何一个日期，不管是过去还是未来，时间机器都可以瞬间将我们精准地带到那个时间点。

虽然梦想很美好，但是关于时间旅行，从目前的研究和已经发生的事情无法修改的逻辑事实来看，回到过去基本上是不可能的。不过令人激动的是，关于人类梦想穿越时空，去未来旅行，理论上却是非常有希望实现的！

目前，以光速或是超光速运动是目前科学能推断的、可以实现的穿越到未来的方法。但是，还有另外一种更为简单、方便，而且人人都可以实现的穿越到未来的方法，那就是人体冬眠。

将我们的身体冰冻起来，像动物一样保持冬眠，然后在未来的某个时候苏醒，就像被冰封了 70 年的“美国队长”，醒来后也能达到穿越至 70 年后的效果。这种想法在科幻作品中已经被广泛采用，罗伯特·海因莱因的作品《通往盛夏之门》（也有版本译为《进入盛夏之门》）就讲述了家用机器人的专利发明者佩特利用冷藏休眠和时空跃迁技术，挫败了骗子们的计谋，维护了自己权益的故事。

而科幻作品《三体》也提到因为人类的寿命都是有限的，即使达到最高的医疗水平，人类的寿命也就在150年左右。所以，主角要通过冬眠技术前往未来，才能应对400年后的外星危机。

从这个角度来看，人体冬眠和现阶段已经小规模应用的人体冷冻并不完全相同，前者是将人体的新陈代谢降到极低的水平但仍能维持生命，后者则是将已经去世的人冷冻起来。可以说，人体冷冻是人体冬眠的最初级阶段。

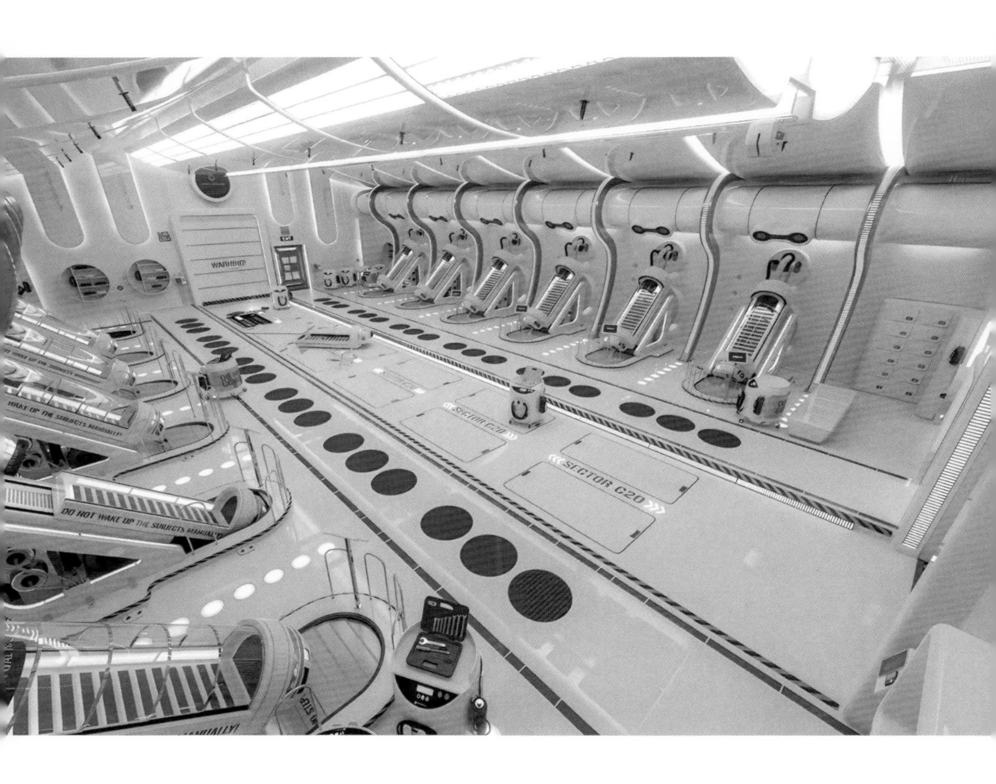

王健君
中国科学院理化技术研究所研究员

冷冻虽易，复苏太难

冷冻保存就是将冷冻保存的对象，如细胞、组织、器官等置于超低温的环境中，一般是指 -196℃的液氮环境，使其新陈代谢大大降低，待恢复正常的生理温度以后，这些细胞、组织、器官等也能恢复正常的生理功能。从这个理论出发，如果将冻存对象换成人体，那就意味着几十年以后，或者几千年以后，如果能复苏的话，这个人就可以实现永生了。

世界上第一例真正冻存的人体，主人公叫 James Bedford，他在死亡后接受了冷冻保存，距今已经有 50 多年了（目前世界上冻存的人体总共有 500 多例，包括十几名中国人）。

按照计划，James Bedford 将于 2017 年被解冻。事实上，从 2017 年开始，科学家就在着手他的苏醒计划，然而努力了整整两年，Bedford 仍然没有醒来，而且科学家们发现，如果继续复苏下去，他的遗体将会毁坏，因此计划被迫终止，Bedford 的冷冻计划也被无限期延长，等待未来技术成熟之后再进行唤醒。

看好莱坞电影长大的人可能会认为，冷冻和复活整个生物体的技术指日可待。《星球大战》中的汉·索罗（Han Solo）被困在“碳酸盐”中，然后复活；汤姆·克鲁斯（Tom Cruise）在《少数派报告》（Minority Report）中的乌托邦监狱里变成了一根人肉冰棒；美国队长被困在北极冰中，近 70 年后重新苏醒……然而，现实远没有这么简单。现实中，能在 0℃以下的环境中保存并复活的最大生物只有一粒食盐大小，即人类胚胎。低温生物学家格雷格·法伊（Greg Fahy）说，如果用现在的技术将整个人保存起来，结果将得到一具充满有毒化学物质（目前的冻存液都含有有毒物质二甲基亚砜 DMSO）的没有生命的躯体。

现在可以很肯定地说，所有这些冻存的人，由于技术的原因，是不可能复苏的。只有实现冻存技术的突破，人体冻存才能成为现实。美国有一本《生活科学》期刊，是专门报道重大科学突破和预测未来研究方向的，它将人体冻存技术评为“十大超越人体极限的未来科学技术之一”。

冬眠舱

人体器官能保存多久

理论上，环境温度降低后，便能大大增加器官的保存时间。比如说目前器官的保存温度是4℃，保存的时间是6~8个小时，长的可以达到20多个小时。如果将器官置于-140℃的时候，便可以长期保存。可是很遗憾，目前还没有冻存器官的技术，主要是由于目前冻存技术的限制，比如无法控制冰晶的形成和大小，无法控制组织器官内的温度梯度，以及无法避免冻存液比如二甲基甲砜的毒性伤害等，所以导致保存器官的时间很短，也就是前面说过的几个小时，长的只能到20多个小时。

器官移植是一项重要的医疗技术，可以拯救许多器官衰竭患者的生命。然而，器官移植却面临着供需不平衡的问题，因为供体器官的数量有限，受技术限制，能够长时间保存的供体器官就更有限了，而需求量却很大。研究数据显示，大约70%或者超过70%捐赠的心肺，由于短时间内不能找到受体而被废弃，这是非常遗憾的。因为即使在器官移植非常发达的美国，70个器官衰竭的患者中，也只有一个才有机会得到器官移植。

所以，在1970年，实施人类肝脏移植手术并被称为“器官移植之父”的Thomas Starzl就预言：“只有当保存器官的技术得到突破，使器官得以保存数周甚至数月的时候，器官移植才有可能得到大范围推广。”但很遗憾，这个预言已经过去50多年了，器官保存技术并没有很大的进步。

除了保存器官，冷冻保存还有非常广泛的应用领域，比如目前广泛认为的最有临床前途的治疗方法——细胞疗法，这项技术大范围推广必须依赖于干细胞的安全冷冻保存。另外，在辅助生殖领域，生殖细胞冻存的安全性和可靠性也是非常关键的，因为有毒的冻存液会造成遗传物质突变，影响下一代的基因质量。

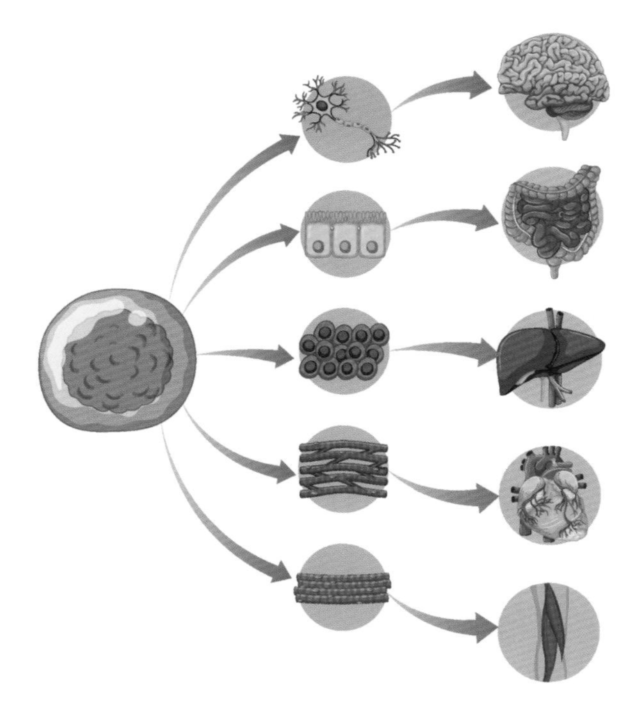

干细胞冻存是细胞治疗能否推广的重要瓶颈

冷冻液中的“双刃剑”

冷冻保存有三要素。

第一要素是冻存对象的性质——细胞、组织、器官的含水量。人体器官里面超过70%都是水分，将这些水分置于0℃以下的环境里必然会结冰，所以就涉及冻存的第二要素——对冷冻过程中冰晶产生的控制。如果冷冻过程中出现冰晶，必然会伤害细胞器官。冻存的第三个要素就是添加冻存液，冻存液可以避免组成器官的细胞内产生大冰晶，从而使器官的结构和功能受到保护，免受冰冻的伤害。

目前传统商用的冻存液中含有一种与盐相似的、跟水能发生强作用的有毒分子——二甲基甲砜（DMSO）。它的加入可以使器官内部在低温下不结冰，但是要使器官内将近70%的水分在-140℃时仍然不结冰，那冻存液中必须大量添加这种有毒物质。

美国的科学家发现，当这种有毒物质的含量达到50%～60%的时候，器官内可以实现不结冰，这就是目前被广泛使用的玻璃化冻存技术的原理。但这么高浓度的有毒物质，必然会对细胞造成损害，比如目前普遍使用的一种冻存液，当它的浓度超过 2% 的时候就会损害细胞，甚至会改变细胞的一些基因。

基于这个原因，世界上很多科学家都在努力尝试降低冻存液中有毒物质的含量。

一种方法是快速降低温度，然后升高温度。在水还没变成冰之前，已经达到了预期温度，由于玻璃化冻存剂的存在，阻止了水变成冰晶。但这种方法只对细胞适用，因为细胞体积小、结构简单，对器官则不适用，因为器官体积大、结构复杂。在快速降温、升温的时候，必然导致温度梯度的存在，这就意味着在器官里面，有的地方温度高，有的地方温度低，温度比较高的地方，必然会形成大冰晶从而损害器官。而且，冻存液很难均匀地浸透较大的组织，组织中心则需要更长的时间才能被渗透，这会使没有被冻存液渗透的组织区域被冰晶刺穿。但如果增加冻存液的浓度，又会增加玻璃化冻存液的毒性，导致组织受到更大的损伤。这就是目前的冻存技术能冻存细胞，但是不能冻存器官的原因。

那么，有没有既无毒又能替代现有冻存液的方法呢？我们可以从自然界中生活在极寒环境的生物体内，寻找一些新的思路。

冻不死的虫子

自然界有一些生物可以在酷寒下生存，比如生活于沙漠地区的小胸鳖甲、生活于极地的雪虱、生活于我国东北地区的冬尺蠖，以及阿拉斯加林蛙等。

以小胸鳖甲为例，在 12 月的新疆，气温远低于结冰温度的 -30℃，当我们把已经和土壤冻在一起的虫子放在手上温暖几分钟后，它竟然能重新爬行起来，非常神奇。

这些虫子体内是不可能含有大量有毒分子的，否则它没被

冻死也可能被毒死了。那么，是什么原因让它能轻松地抵抗冰晶带来的伤害呢？科学家们发现，这样的虫子体内主要存在两类蛋白，能在结冰的过程中控制冰晶的形成：一类是抗冻蛋白，能控制冰晶的生长和大小；另一类是冰晶核蛋白，能控制冰晶的成核。

我们先来看一下冰晶是如何形成的。冰晶的形成分为两步：一是成核，二是生长，其中冰核的形成是首要条件。但是，冰核的研究非常困难，因为临界冰核的探测有三个难点：

一是临界冰核尺寸小。尺寸小到什么地步呢？小到纳米级别，相当于我们头发丝的几万分之一。

二是临界冰核存在的时间窗口很短，是瞬间的，纳秒级别，非常快，难以捕捉。

三是临界冰核是随机发生的。随机意味着什么？意味着不可预测，没有规律。

由于这三个难点，世界上最先进的仪器也无法捕捉到临界冰核，导致科学界对于经典成核理论是否适用于冰晶的形成，一直存在争议。

但是，虫子体内的这两种和结冰有关的蛋白，不仅证明了冰核的理论，也为如何控制冰核的形成提供了启发。因为研究发现，这两种蛋白唯一的区别就是尺寸不一样，抗冻蛋白属于几纳米的级别，而冰晶核蛋白则是几十纳米，两者差一个数量级。于是，科学家们不禁猜想，是不是抗冻蛋白的尺寸对控制冰核的形成至关重要呢？为了验证这种假设，我们通过生物工程的方法制备了一系列机械性能比较好的材料——氧化石墨烯，来模拟蛋白进行研究。

氧化石墨烯非常薄，是一种片层结构，但机械性能非常好。我们制备了一系列尺寸的氧化石墨烯，从 3 nm、8 nm、11 nm，到 21 nm、50 nm 等，可以用这些纳米颗粒去模拟蛋白，来研究控冰材料尺寸对冰晶成核的影响。

实验发现，氧化石墨烯纳米颗粒的尺寸与冰晶成核过冷度的乘积是一个固定值，并且这个固定值具有普适性。这与我们往杯子里面倒水的过程类似。往杯子里面倒水时，当水平面与杯沿齐平的时候，水不会溢出来；继续倒水，水会鼓出来，这时候表面张力会把水包住；再继续倒水，当水鼓到一定临界程度的时候，就会忽然溢出来。这个临界程度，是可以通过模型计算出来的。

临界冰核也是这样，它会在氧化石墨烯上形成，然后迅速长到纳米颗粒的边缘。这时候由于表面张力的作用，不会形成冰晶，只有继续长，长到一定程度，才会瞬间形成冰晶。而且，只有当氧化石墨烯颗粒与临界冰核的尺寸相同的时候，冰晶才有可能形成。

那就意味着，我们可以用能形成冰核的纳米颗粒的尺寸推算出临界冰核的大小，从而就可以证实一百多年前吉布斯等人预测的临界冰核的存在。而随着我们团队临界冰核研究成果在 *Nature*[①] 上的发布，也将国际控冰领域的发展往前推进了一大步，解答了百年未解的科学难题，这也奠定了我们这个控冰冻存理论框架的基础。

---

① Probing the critical nucleus size for ice formation with graphene oxide nanosheets; Bai G., Gao D., Liu Z., Zhou X. *, Wang J. *, NATURE, 2019, 576, 437.

抗冻蛋白
——冰晶生长的控制器

前面我们提到，虫子能在酷寒环境中生存的重要原因之一，就是体内存在抗冻蛋白，而抗冻蛋白有正反两个面，就像一本书有封面也有封底。那么，这两面的性质是否一样？如果不一样，哪一面亲水，哪一面亲冰呢？抗冻蛋白是否就是通过这两个面不同性质的亲和力来控制冰核形成的呢？

科学研究就是不断地提出假设，然后验证假设。所以，为了证实这种假设，我们就把纳米尺度的抗冻蛋白定向固定住，然后选择性研究抗冻蛋白每一面的亲冰或亲水性能。

我们面临两个困难，一个是如何将纳米级别的蛋白定向固定，这个是非常困难的；另一个是如何维持蛋白的活性。我们用了 6 年的时间才克服了这两个困难。

我们的研究证实：

（1）抗冻蛋白有两个面；

（2）每个面的亲冰、亲水性能不一样；

（3）这两个面一面亲冰，另一面亲水。

正如下面的示意图所看到的，抗冻蛋白一面亲冰，可以跟冰很好地结合；一面亲水，可以跟水很好地结合，这样就在冰水界面形成很薄的一层蛋白，就像分子层面的一堵“墙”，阻碍了水变成冰，这就是抗冻蛋白的控冰机制。

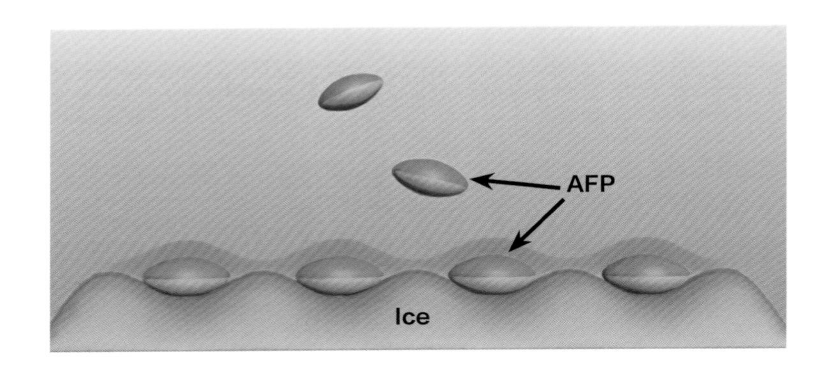

通过对自然界控冰体系的研究，我们可以看到，自然界极寒生物的抗冻策略不是简单地加大量盐来保护自己，而是通过控制体内细胞中冰核的大小来控制冰的生长，从而保护自己免受冰晶的伤害。

星际旅行的梦想之源

自然界是科学研究最好的老师。

极寒地带生物这种对抗结冰的技术可以从细胞应用到器官，甚至是生物体整体的冷冻，从而帮助人类更快实现人体冷冻的终极目的。

比如，目前基于细胞生产的治疗药物、微生物生产的肠道菌等保健品，以及基于细胞生产的人造肉等食品，甚至是基于干细胞生产的外泌体等新型的化妆品，都需要无毒的冻存液来安全高效地保存细胞。而目前保存细胞基本上都是用含有二甲基亚砜（DMSO）等有毒物质的冻存液，而且很多都被国外品牌垄断了，比如细胞治疗行业、脐血库以及辅助生殖的冻存液，都被欧美和日本的冻存液品牌所垄断。因此，基于仿生控冰技术开发的冻存液既避免了有毒物质对细胞和生命体的伤害，又能保证复苏后的细胞和组织具有更好的活率和增殖效果，可以说是一举两得。最明显的例子就是在辅助生殖技术领域，目前需要用玻璃化的含有毒物质的冻存液来保存生殖细胞，如精子、卵子，还有受精卵等。这些细胞复苏后可能会产生遗传物质的变化，进而影响下一代的基因质量，而这些冻存液都来源于国外，并含有有毒物质 DMSO，所以，安全并且高效的冻存技术是行业的迫切需求。

除了辅助生殖技术领域，其他直接用于人体的细胞药物，甚至组织和器官移植也对无毒并且复苏效果好的冻存技术需求迫切。而基于控冰冻存技术路线，我们也开发了包括生殖细胞冻存液（包含卵母细胞、胚胎和精子的冻存液和复苏液）、免疫细胞和干细胞冻存液（包含 PBMC 细胞、αβ-T 细胞、γδ-T 细胞、干细胞、NK 细胞和 iPSC 细胞的冻存液）、细胞系冻存液（包含工程细胞系、癌细胞系、淋巴细胞系和原代细胞等冻存液）等一系列的冻存产品，复苏率优于或者远优于市场上有毒的二甲基亚砜含量为 10% 的冻存液。我们正在努力，从简单的干细胞和免疫细胞的安全高效冻存，到辅助生殖领域卵母细胞、胚胎和精子的冻存，卵巢和角膜等组织的冻存，再到肝脏、肾脏和心脏等器官的冻存，最终实现人体冻存的终极梦想，从而帮助更多医疗技术充分发挥挽救生命的能力。

实现人体冷冻保存是历代帝王一直追求的梦想，也是人类的终极梦想。对梦想的不懈追求与对未知世界的好奇与探索是科学进步的原动力。从古至今，人类都梦想着实现永生，梦想着穿越到未来，梦想着通过长时间的星际旅行或是人体冻存去解决未来的时间问题。比如前面提到的，科幻作品《三体》中故事的主角需要通过冬眠技术前往未来，才能应对400年后的外星危机。而这些看似遥远的梦想，都会在冻存技术得到突破的基础上成为现实。所以我们希望与世界上不同领域的科学家合作,见证梦想照进现实的时刻，使冷冻保存的技术能助力人类未来的星际旅行！

但我们也绝对不能一叶障目，而忽视该技术中潜藏的种种风险问题。比如冷冻技术本身就存在的很多未知性和不确定性；再比如，这项技术一旦实现，我们可以在500年后复苏并实现“永生”，那么，人类活着的意义将被重新思考。因此，在科技发展突飞猛进的未来，我们除了要根据人体冷冻技术的潜在风险进行难点攻关，更要强化伦理道德约束，建立健全人体冷冻技术的风险评估与预测机制。

细胞冻存技术发展简史

1776 年

Spallanzani 最早发表了“冷”处理对“细胞”生命活动影响的报道。

1900 年

科学家基本上肯定了生物成分能够在零下温度储存的事实。

1958 年

美国医生 Kumick 首次尝试低温保存人类的骨髓。

1967 年

美国心理学家 James Bedford 去世，成为世界上第一个接受人体冷冻技术的实验对象。

1980 年

美国纽约血液中心将在液氮温度下保存了 12 年的红细胞复苏后进行检查，没有发现任何生化和功能上的变异，从而证明了生物材料可以在低温下长期存活。

2002 年

小鼠胚胎玻璃化技术的开发者之一，冷冻生物学家 Greg Fahy 博士用兔子尝试肾脏的玻璃化冻存后复温移植实验。

2019 年

中国科学家王健君等在 *Nature* 发表临界冰核研究成果，将国际控冰领域往前推动了一大步，解答了百年未解的科学难题。

2022 年

明尼苏达大学的科学家们打通了器官冷冻复苏的复温环节，完成了一场历史性的肾脏移植手术。

2023 年

发表在学术期刊 *Nature Communications* 上的一项研究显示，科学家已经成功在大鼠身上实现了肾脏的长期冷冻和复温。这是科学家首次证实哺乳动物的器官经冷冻和复温后，可以被成功移植并维持其生命。

科幻作品中的十大未来科技

Top 7

机械外骨骼

凡人的“超人”之路

领　　域	机械
未来科技名片	一种提供动力的人体可穿戴机械设备，允许充分的肢体运动，增强人体性能
科学家名片	陈丹惠，中国科学院合肥物质科学研究院智能机械研究所

科幻作品中的机械外骨骼

“外骨骼”一词原本指的是小型动物体表的那层硬壳，这些外骨骼是这些动物重要的自我保护方式。

1937 年，“外骨骼”被科幻作家爱德华·艾尔玛·史密斯借用，引申为“动力外骨骼”，在科幻小说《透镜人》中用于形容一种由人亲手操作的大型机械装甲。

机械外骨骼这一科幻设定被人们熟知，始于科幻大师罗伯特·海因莱因 1959 年的作品《星船伞兵》（后被改编为电影《星河战队》）。在海因莱因的笔下，外骨骼变成了可以穿在身上的“动力战斗服”，而非巨大的机器人。有了机械外骨骼，机动步兵能够轻易撞穿一堵水泥墙，能在战场上快速转移，俨然变成了人形兵器。《星船伞兵》也被科幻界称为“外骨骼机甲开山之作”。

自此，各种拉风酷炫的机械外骨骼便出现在越来越多的科幻作品中。

随着科幻大片《明日边缘》的上映，“机械外骨骼”更加流行了起来。电影里的主人公和一众士兵穿上机械外骨骼后，瞬间变身超级战士，战斗力直接增强数倍。而在《钢铁侠》和《复仇者联盟》系列电影中，除了精彩的剧情，最吸引我们目光的，便是钢铁侠一代更比一代强的酷炫机甲。

不论是《星船伞兵》《明日边缘》，还是大火的漫威宇宙，“机械外骨骼”作为科幻元素担当，在小说、游戏和影视中都是瞩目的存在。

人类科幻想象的目的都是为了增强自身力量，拥有超越人类生物属性的能力，以抵抗外来势力或极端恶劣环境对地球家园的入侵。《流浪地球》中救援队员轻松提起数百千克重的“火石”，便给了许多人信心。而随着科技发展，这项曾经看似遥不可及的黑科技，正在逐渐融入我们的生活，在军工、民用、医疗等多个领域中发挥着越来越重要的作用。

陈丹惠
中国科学院合肥物质科学研究院智能机械研究所

穿上身的“硬功夫”和“软实力”

早期人们受到甲虫的启发，尝试发明了一种由钢铁框架构成、可由人穿戴的机械装置，这就是机械外骨骼，其本质上是一种可穿戴的机器人。

现实中的外骨骼不同于科幻作品中的“铁甲洪流”，更多的是穿戴在人体表面的“人工智能”，通过对人的肢体活动意图识别判断，平稳驱动（机械）关节重现动作，旨在增强人类的战斗能力和耐力，并为穿戴者提供最佳的保护和支持。在机械外骨骼的帮助下，人体的体力、防护能力和对复杂环境的适应能力都得到了大幅度提升。

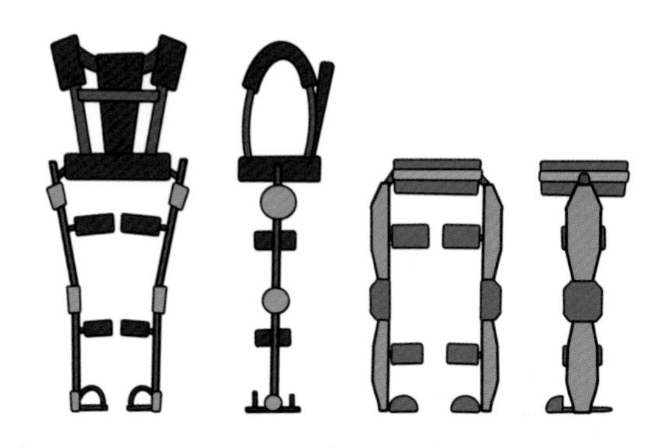

比如，在救援和建筑行业，机械外骨骼可以提供强大的支撑和保护，帮助工作人员在危险或者高强度环境下进行作业；在地震或者矿难现场，可以帮助救援人员在不考虑体力限制的情况下进行长时间的搜救工作；在建筑行业，可以增强建筑工人的力量和耐力，提高施工效率。

“更重要的是，在医疗和康复领域，机械外骨骼可以帮助行动不便的患者或者老年人行走、站立、拿取物品等，提高他们的生活质量。同时，对于一些肌肉萎缩或者神经损伤的患者，机械外骨骼可以帮助他们进行康复训练，恢复肌肉力量和神经功能。”

2014 年初，中国科学院合肥物质科学研究院机械智能研究所先进制造中心自立项目研制下肢助力外骨骼，经过不断地改进、完善，最终将样机投入医院进一步测试、试用。如今，下肢外骨骼助行机器人已处于初步的应用阶段。

虽然目前的外骨骼装备并不能让我们变成超级英雄，但无论如何，机械外骨骼的未来，一定是服务人类，让人类变得更强，生活和工作变得更轻松。

在医疗领域大展身手

机械外骨骼目前在军用、医疗服务、工业辅助搬运、民用辅助活动等方面都有相应的研发和样机，有的研发机构还取得了产品的医疗器械注册证，实现上市销售。但是，机械外骨骼产品目前仍处于开发验证阶段，市场化、商业化还有待进一步拓展，一方面是因为价格高，另一方面是因为产品还有很大的优化空间。工业辅助搬运当前虽已应用，但应用场景较为单一，而且目前主要是无源的机械外骨骼，未来有源外骨骼将会走得更远。

就实际来看，目前最具发展前途的外骨骼领域为医疗领域，主要面向残疾人及行动不便人群的康复训练。根据国家统计局发布的最新人口数据可知，2023 年末，我国 60 岁及以上人口为 2.97 亿人，占全国人口的 21.1%。同时，我国是心脑血管疾病的高发地区之一，幸存者中有 70% ~ 80% 会留有不同程度的肢体残疾。根据数据显示，2020 年全球外骨骼机器人市场规模为 3.9 亿美元，预计 2030 年全球外骨骼机器人市场规模将上涨至 68 亿美元（约 492 亿元人民币），消费者市场增长迅猛。

此外，由于意外事故引起的肢体损伤患者的数量也不在少数。2022 年残疾人事业发展统计公报数据显示，我国肢体残疾

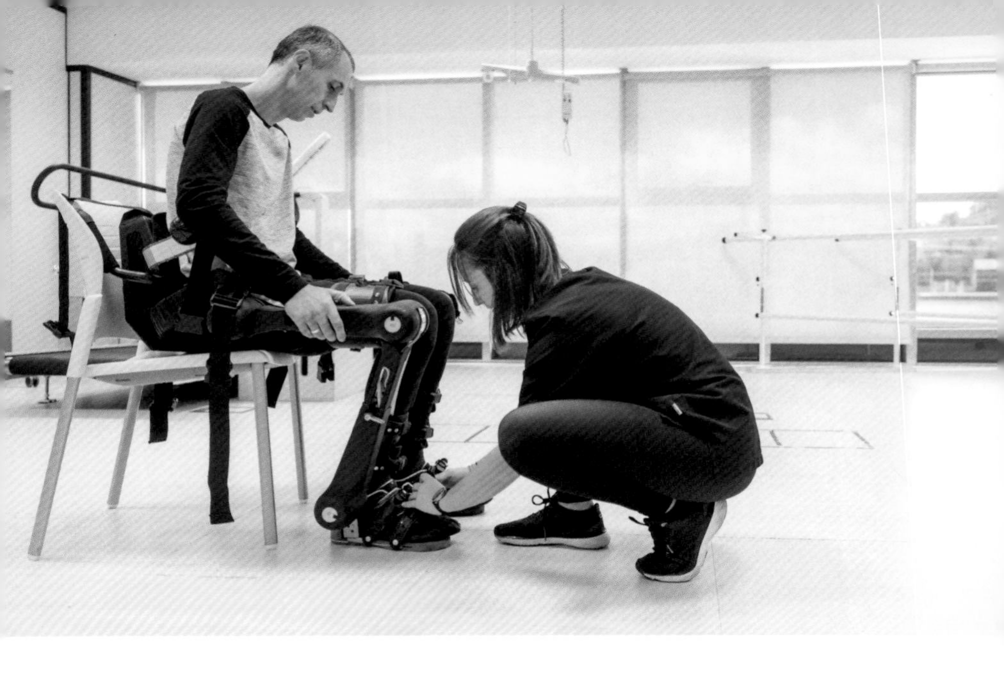

人达 414.3 万，与其他残疾种类人群相比，人数最多，使得我国康复医疗设备的供给存在巨大缺口。更高的生活质量、舒适的身体状态、自信的精神面貌，已经成为这部分人群的生活追求，而机械外骨骼便可以助力弱者变强，让行动不便的人实现正常行走、运动，融入、回归到丰富多彩的社会中。

中老年人群是社会重点关注人群，近年来，国家多次提及要加强外骨骼机器人服务于养老医疗领域。2021 年，工业和信息化部等部门发布《“十四五”机器人产业发展规划》，要求增加高端产品供给，面向医疗健康、养老助残等领域需求，重点推进服务机器人的研制及应用，推动产品高端化智能化发展。2022 年，国务院印发《“十四五”国家老龄事业发展和养老服务体系规划》，强调加快人工智能、脑科学、虚拟现实、可穿戴等新技术在健康促进类康复辅助器具中的集成应用，发展外骨骼康复训练等康复辅助器具。就在《流浪地球 2》上映前不久，国家印发了关于《“机器人 +”应用行动实施方案》，方案中明确要求积极推动外骨骼机器人等在养老服务场景中的应用验证。与电影稍有不同的是，此番实施方案将外骨骼机器人的发展重点放在了养老服务方面。

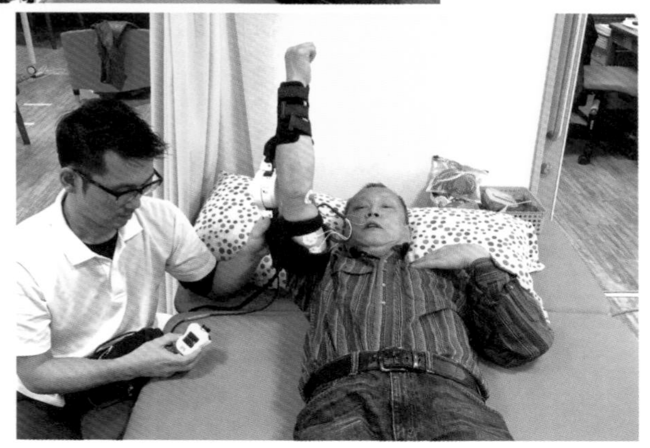

“不行”变“步行”，他们也能说走就走

背上旅行包，来一场说走就走的旅行，已经成为很多人追求的生活方式。然而，并不是所有群体都能拥有一段“说走就走”的步行体验。对于老年群体与肢体残疾患者来说，像普通人那样正常行走其实是一种奢望。而机械外骨骼，将“不行”变为“步行”，为这群人提供了行走的权利。

为了给行动不便的老年人与肢体残疾患者提供更好的康复服务，我国的康复专家、科研人员都在尝试以智能技术助力这类群体的日常出行。前面提到的中国科学院合肥物质科学研究院机械智能研究所先进制造中心（以下简称“制造中心”）研发的下肢外骨骼助行机器人，就是康复医疗设备的成果之一。

下肢外骨骼助行机器人是穿戴在操作者下肢的一种典型的人机一体化系统，综合了仿生机构、传感信息检测与融合、人体意图识别与协调控制等机器人技术，有机结合了操作者的智力和机器人的“体力”。

这个设备主要面向中风、脊柱损伤两大类患者与老年人的助行，能够帮助他们实现平地行走、上下楼梯、原地平衡踏步、跨越障碍物等典型的运动步态。

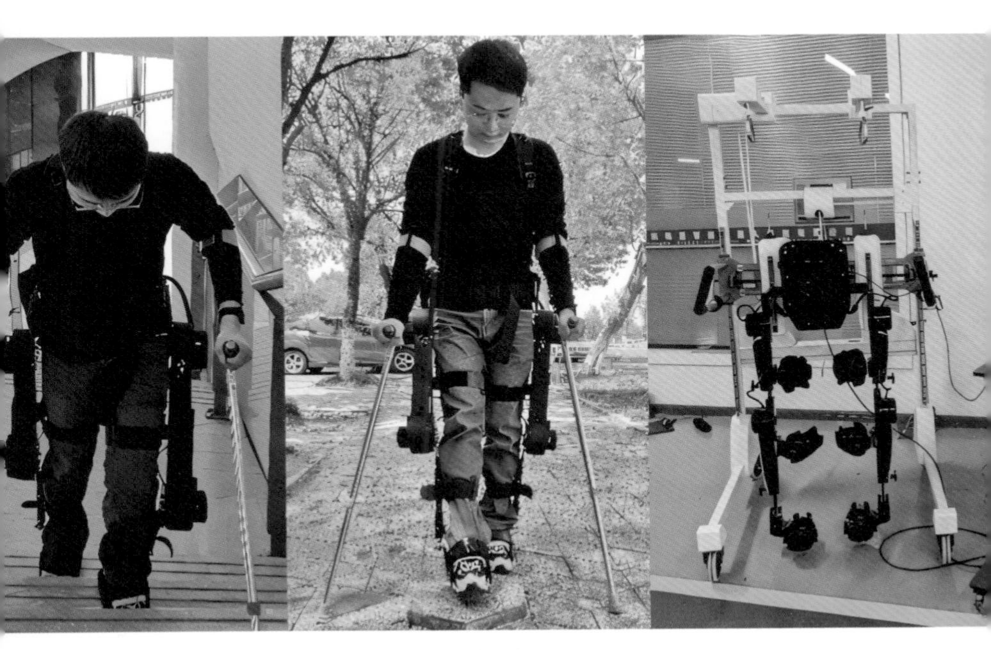

助老助残样机

人机搭配，步行不累

这款下肢助力外骨骼是一个有源系统，控制系统基于一体化设计思路，建立基于 CAN 总线（一种用于实时应用的串行通信总线，可以使用双绞线来传输信号，是世界上应用最广泛的现场总线之一）的外骨骼机器人分布式控制系统架构，实现机器人高效、可靠的控制。该设备通过电机驱动产生所需的助力，比如髋关节迈不出、膝关节无力等，经过计算后电机便会输出合适的助力。

驱动单元置于外骨骼系统中。外骨骼的机械设计同样基于一体化架构和模块化设计思想，助残和助老两类机器人总体架构一致，只是在髋关节与踝关节的自由度配置方面有所不同。

当机器人用于助力时，其髋关节和踝关节与人体自由度配置一致，髋关节除了主动自由度外，还有 2 个被动自由度，脚踝也配置了 2 个被动自由度；当机器人用于助残时，残疾患者的髋关节和踝关节已丧失了主动驱动能力，因此，取消了髋关节和踝关节的被动自由度。

下图为大家更直观地展示了助老助残机器人的穿戴示意、总体虚拟样机及髋踝关节的虚拟样机。

整个机器人分为左腿外骨骼、右腿外骨骼、后背架、胸部束带、控制器、电源及背包等多个模块，模块间设计有快速拆装接口，可实现外骨骼系统的快速穿上及脱下，同时在运输过程中通过折叠可有效减小占用空间。由于下肢外骨骼助行机器人需要与人体协调运动，外骨骼机器人与穿戴者便构成了一个人机系统。为了达到协调运动的目的，除了准确的意图识别，还必须构建有效的交互通道、控制环路与控制算法，才能实现

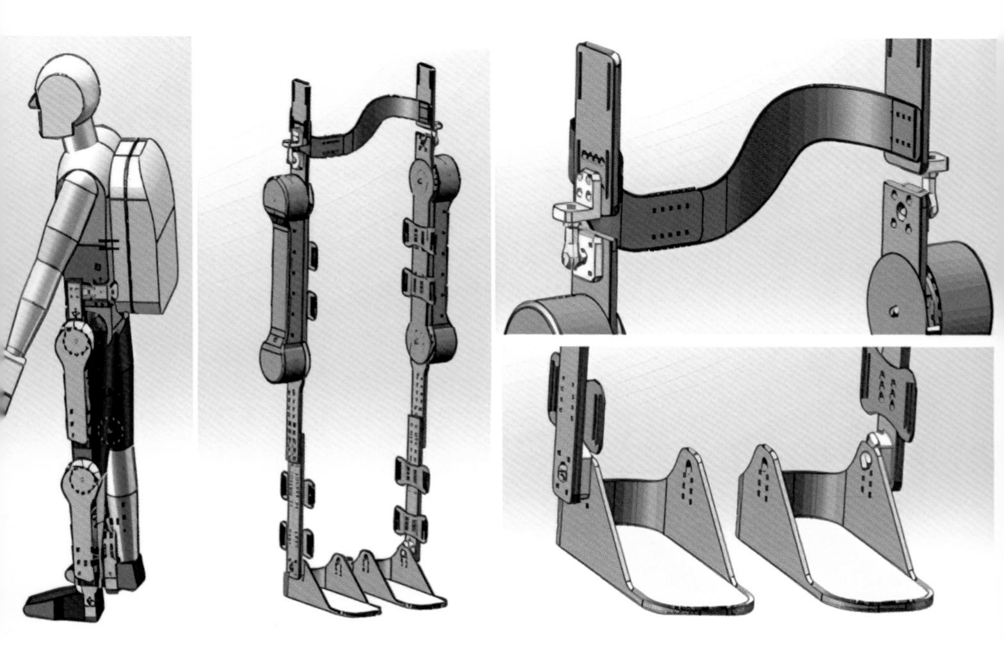

助老（助残）机器人虚拟样图

人机运动的协调统一。人机协调控制系统架构如下图所示，人机内部作用机制可由意图识别和机器人运动输出两个交互通道进行阐释。通过这两个交互通道，人体的运动意图由机器人准确、实时获取，机器人按照设计作用于人体，进而达到人机交互作用的协调统一。

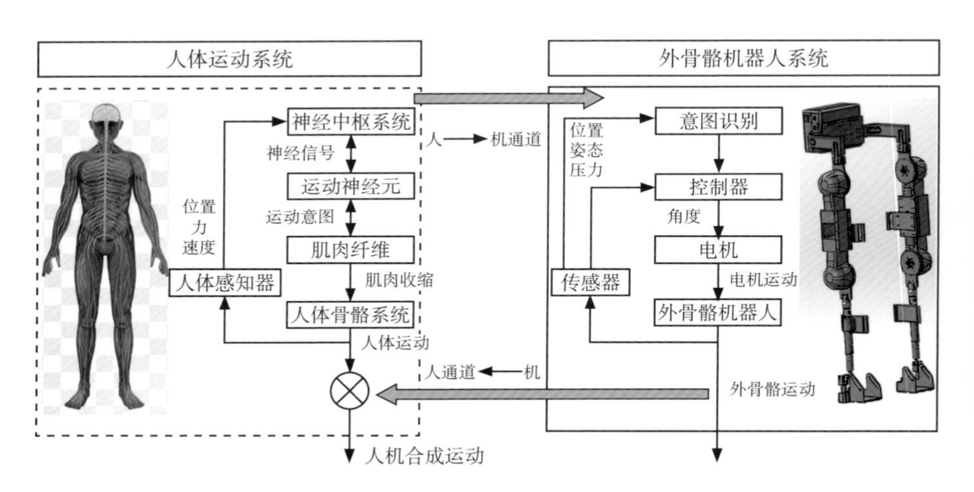

人机协调控制系统架构图

智能外骨骼时代

智能外骨骼的研发有许多难点。

第一，外骨骼系统的续航能力和自身重量问题。外骨骼既要续航能力强，又要自重轻。但是智能控制单元器件集成会造成设备体积大、重量大，因此制造中心的研究人员自行设计了调压模块、电池，控制主板选小型但性能符合要求的，以充分利用空间，缩小外骨骼的体积，减轻外骨骼重量。而在机械设计上，也进行了轻量化设计，并通过材料减轻零件重量。

第二，外骨骼在穿戴过程中与人体不贴合的问题很明显。个体的腿部长度、腰围等都有尺寸差异，有的腿虽然一样长，但是髋到膝盖的长度不一样，膝盖到脚踝长度也不一样，因此必须设计为可调节的智能结构。

第三，结构设计要求高。纯刚性的设计是不可行的，必须进行柔性设计，加入柔性单元、力传感器等，通过检测、反馈及时纠正电机动力单元的输出。

第四，布线问题。在电气布线过程中，要注意线会被拉扯，因此布线时要留有合适的余量，并定期检查线路。

关于智能外骨骼人机决策不一致时的“人机协同”问题，

首先要尽可能避免这种情况，其次在人机协同训练中要全面考虑可能面临的问题，不断迭代更新，通过自适应及修正，提高系统的协同智能化水平。若优化后仍然出现了新的人机决策不一致的情况，要注意，在控制等级上人的优先级必须更高。

人机协同是未来的趋势，我们周围会出现越来越多的“机”，小到家用电器，大到智能化设备，与我们共同生活、工作。“机”要遵守人的生活习惯、工作要求，不断学习、训练人类给它们构建的模型，而同时，“机”的自主性也越来越强，因此人类必须给“机”限定界限，防止一些突发的意外、危险。

还有外骨骼机器人自重和负重的冲突问题。刚性骨架自重太重的话，人体便无法承受。其实骨架自重还好，人体无法承受的是刚性骨架没有按人的身体特征设计，穿戴困难、行动受阻，尽管在静态负重时有良好表现，但是行走时刚性骨架的自重基本都是由人体承受的，便会导致行走困难，究其原因主要还是设计上不符合人机工学。

而柔性骨架则承不了力，负重不足。这种纯柔性设计，穿戴后人体会更舒适，基本无不适感，行走时也确实能感受到一定的助力，但是在静止状态下负重时，基本上外界重量均是由人体来承受的，虽然灵活性好，但承重性能表现较差。

针对这两类外骨骼的局限，第一，要根据人体结构，设计符合人机工学的设备，在设计时既要考虑外骨骼的刚性，又要兼顾柔性；第二，发掘利用新材料，采用更强更轻的材料比如碳纤维等制造外骨骼；第三，在控制层面，通过优化控制算法，使设备能够进行自适应修正。

人类生存空间的无限可能

随着科技、材料、人工智能等的不断突破，在未来，机械外骨骼会越来越轻量化、智能化、市场化，会渗透到各个领域，不断拓展人类生活空间。

尤其是在极端环境下，机械外骨骼便是人类强有力的助手，比如在高山雪原，军人们可借助机械外骨骼携带更多的物资进行攀爬、行动；宇航员们可穿戴外骨骼在外太空作业，甚至在外星球地面行走、生活；深海潜水员们借助机械外骨骼可以负重更大，停留时间更长，深入探索更复杂的海底地形。

随着我国科学技术力量的不断提升，在电机、谐波减速机、伺服驱动器、扭矩传感器等关键部位的研发方面都有了重大突破。在科研人员的潜心研究、集智攻关下，相信在不久的将来，腿脚不便的人群也可以健步如飞。

我们要注意的是，现阶段的外骨骼应用多停留在医疗领域，随着科技发展，外骨骼必将逐渐应用于基因工程、核工程、军事等领域，在促进社会进步的同时也必将与传统的社会伦理产生矛盾，比如加大个体之间的能力差异、产生不和谐的潜在威胁因素等。更进一步，若将这种能力无限制地开发，必将造成社会冲突，因此，如何让外骨骼系统安全可靠地提升人的能力，协助人类发展，是值得公众思考的。

机械外骨骼发展简史

1830年

英国一位插画师在所绘的《蒸汽漫步》中，以蒸汽为动力的行走辅助装置，引发了科学家们对这一概念的探索，也成为当下机械外骨骼技术的雏形。

1890年

俄罗斯人尼古拉斯·亚根发明了一套可以辅助人们行走、奔跑和跳跃的外骨骼装置。

1917年

美国发明家莱斯利·凯利发明了一部名为“Pedomotor”的以蒸汽为动力的外骨骼。

1958年

美国研制了一种“增强装甲”设备，但最终由于供能不足而失败。

1970年

通用电气公司设计了一种动力系统，包含30多个关节，能举起680 kg的重物。

2000年

加州伯克利大学研制出了伯克利下肢外骨骼系统，不仅能让人体轻松担起 90 kg 的负重，同时还能穿越复杂的地形。

2004年

日本研发了一款名为 HAL 的外骨骼机器人，主要用于医疗领域，帮助残障者行动和患者康复。

2014年

中国科学院合肥物质科学研究院机械智能研究所先进制造中心自立项目研制下肢助力外骨骼，经过不断的改进、完善，最终将样机投入医院测试、试用。

2017年

福特公司在工厂测试了一种轻量型的上肢外骨骼，当工人需要抬臂作业的时候，它能够给手臂提供支撑。

科幻作品中的十大未来科技

Top 8

戴森球

更大的宇宙观

领域	天文航天 / 未来能源
未来科技名片	包围恒星的巨大球形结构，可以捕获恒星输出的大部分或者全部能量
科学家名片	郑永春，博士，中国科学院国家天文台研究员，行星科学专家，孩子们心中的火星叔叔，2016 年美国天文学会卡尔·萨根奖获得者

科幻作品中的戴森球

20 年后，人类或将登陆火星；100 年后，人类可能会在火星上建设一个百万人口的城市，人类将从地球文明扩张到太阳系文明。

我们为什么要到其他星球上生存呢？因为人类在地球上面临着环境污染、资源枯竭、人口爆炸、小行星撞击等诸多危机。

如果有一天，人类面临危机，不得不作出选择，我们该怎么办？太空移民是我们最期盼的应对办法。那么，除了太空移民，还有没有其他办法呢？科幻作家给我们提供了另一种思路。

英国科幻作家和思想家奥拉夫·斯特普尔顿的代表作《造星主》中的科幻想象，对后世产生了巨大的影响。其中最为著名的例子之一，便是物理学家弗里曼·戴森少年时看到的《造星主》第十章的一段话：

> “与此同时，它设想出千奇百怪的实践计划，以之前无法想象的规模利用能量来满足自己。现在，每一颗恒星周围都披上了纱网，那是捕获光能的装置，将散射的恒星能量用来为智慧的目的服务，因此，整个银河系都暗淡了下去。”

这段话启发了戴森。

戴森想，如果石油用尽，人类的未来在哪里呢？他并未从地球上寻找未来能源，毕竟地球的资源有限，于是他把目光转向天空，瞄准了太阳。

多年后，戴森正式提出在恒星周围建造球壳，以充分吸收恒星能量的设想，也就是“戴森球”。但戴森承认，这一设想实则应该归功于《造星主》的作者，甚至声称“斯特普尔顿球”才是自己这个创意更恰当的称谓。因此，戴森球也被称为斯特普尔顿－戴森球。

2020 年 2 月 28 日，著名物理学家、数学家，普林斯顿高等研究院教授弗里曼·戴森逝世，享年 96 岁。弗里曼·戴森为量子电动力学的建立做出过重要贡献，曾于 1964 年获得诺贝尔物理学奖提名，遗憾没能获奖。但毫无疑问的是，戴森是科学家群体中极具创新精神的代表人物之一。

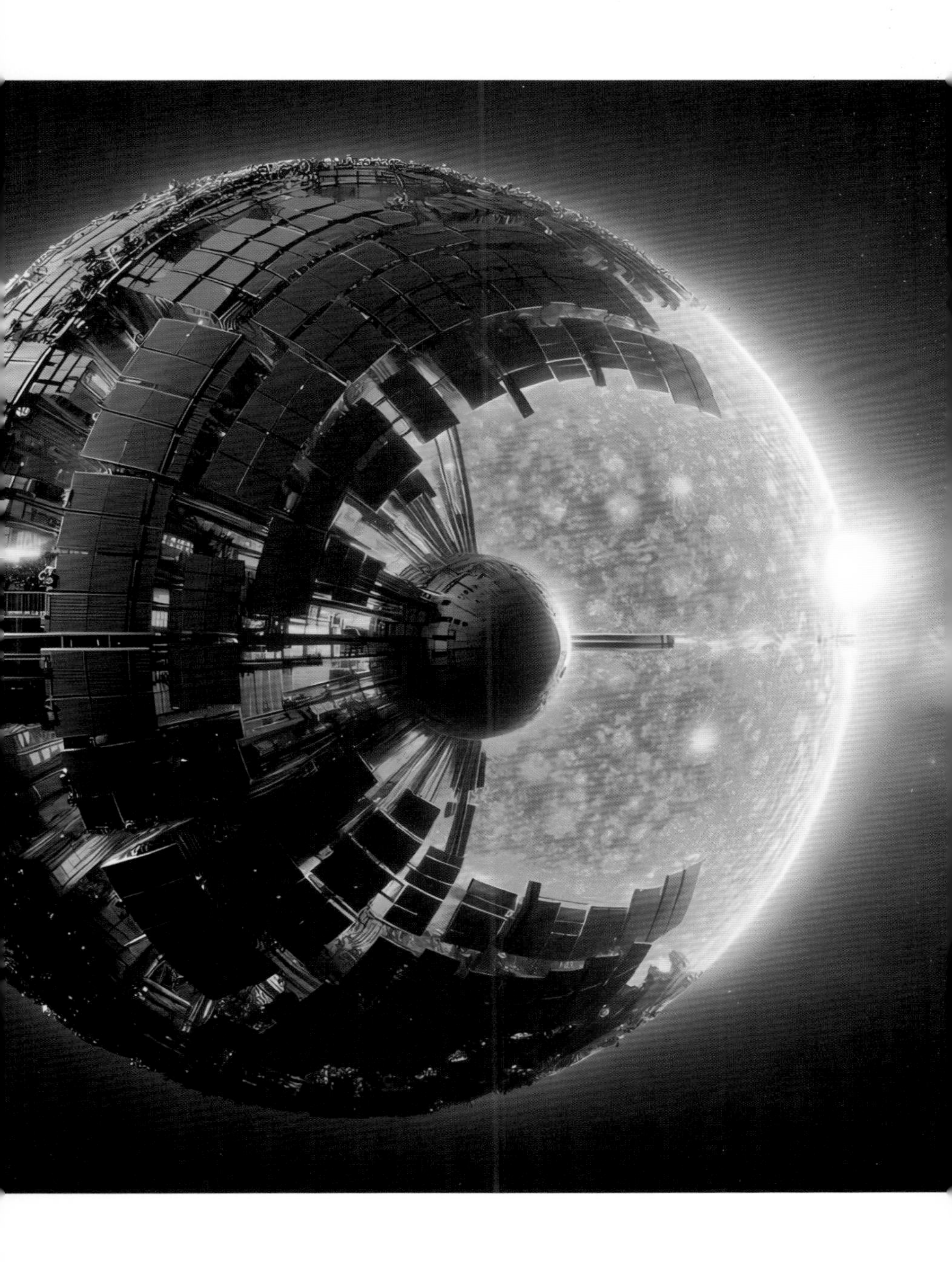

戴森球离我们还有多远

戴森球的本质是包围恒星并开采恒星能量的人造天体，这个巨大的天体可以是球状，也可以是环状，主要作用是吸收恒星的大部分甚至全部能量，转化为自身发展需要的能源，以维持文明的高度发展。并且，戴森还建议在宇宙中搜寻这样的人造天体，以便找到外星文明。

那么，以目前的科技发展，有没有可能建造这样的戴森球呢？

先来了解一个概念——卡尔达肖夫指数。卡尔达肖夫指数是“太阳危机”时期一种较为流行的理论设想，由天文学家尼古拉·卡尔达肖夫于 1964 年提出。

卡尔达肖夫根据文明可以控制和利用能源的能力，将文明分为三类。

Ⅰ型文明，指能够开发利用故乡行星（自身所栖息的行星）所有自然资源的文明。

Ⅱ型文明，指能够接收并使用故乡行星所围绕恒星全部能量的文明。也就是说，到达Ⅱ型文明水平，是能够建造类似戴森球的人造天体的。而且，文明如果发展到这个水平，几乎可以肯定，人类已经有能力进行星际旅行了。

Ⅲ型文明，指能够掌握利用故乡行星所在星系（比如银河系）全部资源的文明。

按照卡尔达肖夫的划分，只有当文明发展到Ⅱ型文明的水平时，才有能力建造戴森球，驾驭恒星的能量，在不同星系之间自由来去。

相比之下，刚刚进入太空时代不久的人类文明，还没有发展到Ⅰ型文明，距离Ⅱ型文明更是十分遥远，可能还要数千年才能发展到能够建造戴森球的水平。

从仰望星空到太空移民

1. 太阳系“全家福”

1977 年，天空中升起了两个航天器：旅行者 1 号和旅行者 2 号。

这两个航天器发射升空之后，旅行者 1 号沿着最快的飞行轨道向着太阳系的深空飞去。到现在为止，它仍然在太阳系的深空飞行，离地球 200 多亿 km，成为人类历史上离我们最遥远的人造物体。而旅行者 2 号利用太阳系四大行星连珠的机会（这样的机会 176 年才有一次），从一颗行星甩到下一颗行星，一次任务就探遍了木星、土星、天王星和海王星 4 颗行星。

1990 年 2 月 14 日，正在深空飞行的旅行者 1 号接到了一个紧急指令，发出这个紧急指令的人叫卡尔·萨根，他是一位热心公众科学传播的天文学家和行星科学家。卡尔·萨根建议美国宇航局让旅行者 1 号调转镜头，在它离我们越来越远的时候，回望太阳系，给太阳系拍一张“全家福”。他的提议遭到了很多科学家的反对，他们认为这样的照片毫无科研价值，但卡尔·萨根一再坚持，因此便拍了一张太阳系“全家福”。

太阳系

2. 银河系里的“小山村”

在旅行者 1 号所拍的太阳系“全家福”中，木星、土星、天王星、海王星、金星和地球只是一个个小圆点。

原来我们是如此渺小。

大象身上的蚂蚁，以为大象就是世界的全部；池塘中的瓢虫，以为池塘就是大海，一丝涟漪，就是大风大浪。

太阳系的半径达 2 光年（约 20 万亿 km），也就是说，光从太阳出发到太阳系的边界，需要 2 年时间，而光从太阳射到地球上，则只要 8 分钟左右的时间。所以，很多人认为旅行者 1 号探测器已经飞出太阳系，其实是一个错误的观点，因为截至 2023 年底，它才飞行了 240 亿 km。

太阳是太阳系绝对的、唯一的主宰，太阳系的质量 99.86% 集中在太阳身上，八大行星、5 颗矮行星、200 多颗行星的卫星，还有无数的小行星和彗星，这些天体的质量加起来，只占太阳系总质量的 0.14%。因此，即便只在太阳系里，我们也是微不足道的。

而在整个银河系里面，像太阳这样的恒星还有数千亿颗。太阳位于银河系的第三条旋臂——猎户臂中恒星稀少的区域。距离太阳系 20 光年的范围内，只有不到 100 颗恒星。也就是说，太阳并不在银河系的中心，而是在远离银河系中心的一个偏远的“小山村”里。

在银河系中，太阳无论从亮度、质量，还是“年纪”，都是非常普通的一颗恒星。而在整个宇宙中，像银河系这样的星系还有数千亿个，这还只是我们能观测到的部分。根据最新的宇宙演化理论，我们可观测的物质只占整个宇宙的 5% 左右，还有 95% 是我们目前的探测手段无法观测到的，那就是暗物质和暗能量，它们才是宇宙的主体，占整个宇宙的 95%。

根据最新的宇宙演化理论，宇宙起源于 138 亿年前的一次大爆炸，由于加速膨胀，现在宇宙的直径约为 930 亿光年。太阳系则起源于 46 亿年前一团弥漫着的气体和尘埃的星云。而地球上最早的生命，在 30 多亿年前就已经产生了。

> **“如果把地球诞生至今的 46 亿年，比作一天中的 24 小时，我们人类只是在最后一秒钟，也就是 23 点 59 分 59 秒之后才产生的。在地球的历史中，曾经诞生过无数的物种，但它们绝大多数都不复存在了。”**

所以，无论是时间还是空间，面对无边无际、无始无终的宇宙，即便穷极一生，我们也无法探究其全部奥秘。在宇宙面前，每个人都非常渺小和微不足道，我们没有理由不保持一颗谦卑的心。

对宇宙的探索之心

大约在 6 万年前，人类的祖先——现代智人从东非出发，走向欧亚大陆。

500 年前，人类进入了大航海时代。明朝郑和七下西洋，开拓了海上丝绸之路；1492 年哥伦布横渡大西洋，发现了美洲大陆，从此人类的足迹从大陆扩展到了海洋。

67 年前，苏联发射了人类历史上第一颗人造地球卫星，标志着人类进入了航天时代。

从陆地走向海洋，从海洋走向太空，从深蓝到深空，我们了解得越多，面临的未知也越多。

迄今为止，人类已经去了月球 130 多次，火星和金星各去了约 50 次；20 世纪 70 年代发射的先驱者 10 号和 11 号、旅行者 1 号和 2 号，2006 年发射的新视野号是飞离地球最远的航天器，它们至今还在深空飞行。新视野号用 10 年时间飞到了曾经为九大行星之一的冥王星，给我们展示了冥王星及其所在的柯伊伯带。这片太阳系的新大陆，还有大量神奇的现象等待我们去发现。

我们不仅发射航天器在太阳系的各个天体上探索，还使用太空望远镜探索更深远的宇宙。哈勃太空望远镜展示了丰富多

冥王星与新视野号宇宙飞船

彩的宇宙画卷，开普勒太空望远镜专门用于寻找系外行星，詹姆斯·韦伯望远镜从红外波段则观测宇宙。迄今为止，在太阳系外的其他恒星周围，已经发现了 5000 多颗系外行星，其中有很多跟地球非常相似。几千年来，我们只知道太阳周围有行星，1995 年，我们第一次发现其他恒星周围也有行星。如今，系外行星探索已经成为天文领域最热门的前沿科学。2019 年，两位瑞士天文学家因此获得了诺贝尔物理学奖。

2016 年，我们在离太阳系最近的恒星——比邻星周围，发现了一颗与地球相似的行星——比邻星 b，它便是《流浪地球》中人类的目的地。这颗离太阳系最近的系外行星，可能是一颗岩石星球，温度可能在 −40℃以下，可能会有大气和海水。如今，比邻星周围又发现了两颗行星。

从古至今，我们对宇宙的探索永无止境。

对地球的忧患之心

看过科幻小说《三体》的人可能会有印象，《三体》告诉我们，如果收到外星人的信号，一定不要回答，因为根据“黑暗森林”法则，在一片黑暗的森林里面，谁最先发出声音，谁就将被消灭。

外星人的攻击还停留在科幻阶段，人类面临的重大天文灾难却是实实在在的。1908 年，俄罗斯西伯利亚的通古斯地区，发生了一次小行星撞击事件，爆发了几千平方千米的森林大火，树木都朝同一个方向倾倒。

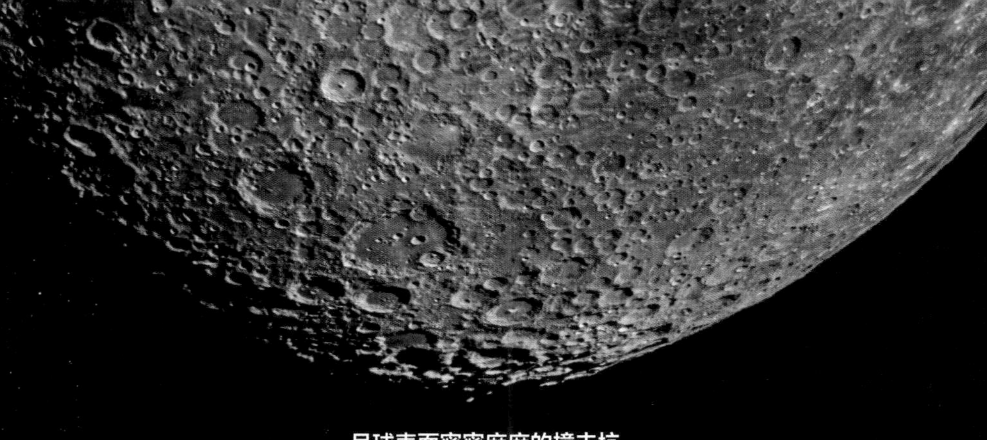

月球表面密密麻麻的撞击坑

1994 年，很多人都通过天文望远镜目睹了一次彗木撞击事件。一颗叫苏梅克 – 列维 9 号的彗星，被木星强大的引力撕成了 21 个碎片。这些碎片就像一列太空列车，前赴后继撞到木星。木星是一颗气液态的星球，因此表面不会形成像月球环形山那样的撞击坑，而是留下了一个个暗斑，每一个暗斑都可以把地球整个“装”进去。也就是说，只要这些碎片中的任何一个来到地球上，可能我们人类就不存在了。

根据太阳系探测的结果，我们在木卫二、木卫三、火星、爱神星、水星、月球、土卫九等天体上，都看到了密密麻麻的撞击坑。在月球上，直径大约 1000 米的撞击坑就有 33 000 个。

月球撞击坑特写

在地球上，全球目前已经确认了 200 多个撞击坑，其中大部分分布在北美、欧洲、澳大利亚，中国境内也发现并确认了 3 处撞击坑。世界十大撞击坑大多在极地、荒漠、戈壁，还有一个在海底。

6500 万年前，有一颗直径约 10 km 的小行星撞击了地球，撞击点就在现在的墨西哥湾，扬起的漫天尘埃进入平流层，遮蔽了太阳辐射，于是整个地球变成了一个冰冻的雪球。想象一下，把地球放到零下四五十摄氏度的冰柜里会怎么样？结果就是 80% 以上的物种大规模灭绝，恐龙就是在那个时代灭绝的。

恐龙曾经独霸了整个地球，但现在，一只恐龙都没有。

如果不未雨绸缪，人类就可能重蹈恐龙的覆辙。

我们怎能不怀有一颗对地球的忧患之心呢？

美国亚利桑那州巨型陨石坑

对未来的合作之心

科幻片《火星救援》里面，登陆火星的宇航员马克，孤零零地一个人滞留在火星上，中美航天机构密切合作，他才得以回到地球。

但这样的场景只发生在电影里面，太空探索不仅技术上十分艰难，达到了人类现有技术能力的极限，而且风险很大。航天器从地球出发，要经过 6 ~ 10 个月才能飞到火星上空。飞到火星上空的时候，航天器的时速高达每小时 21 000 km。然后，要从火星上空 130 km 的高度，用 7 分钟的时间落到火星上。这个阶段完全无人控制，因此被称为“黑色 7 分钟”。

到现在为止，50 多次火星探测的成功率只有一半。因此，我们唯有精诚合作，才能取得更大的成功。

航天器降落“黑色 7 分钟”示意图

宇宙观，更大的世界观

根据对火星探测的结果，火星大气的主要成分是二氧化碳，土壤、大气和地下都有水，环境温度相当于地球的南极，夏季赤道地区的温度达 20 多摄氏度。所以，火星是整个太阳系中，与地球环境最为相似的行星。

我们预计，未来 20 年就可以实现载人登陆火星，然后改造火星。未来的 100 年，人类有可能在火星上建立一个百万人口的城市。在这个百万人口的城市里面，难道还有不同的国家、不同的语言、不同的宗教、不同的货币吗？我想，我们应该创造一个超越国家、民族、宗教和意识形态，以全人类利益为最高宗旨的崭新的宇宙观。这种宇宙观将指导人类从一个地球物种，扩展成为一个跨星球的物种。

从宇宙观的角度来说，关于外太空移民，星际人类和地球人类的关系必将成为一个长久的议题，已移民至其他星球的人类是否对地球的感情日益薄弱，最终没有任何归属感？以百年甚至千年为计量单位的星际航行必然带有一定的突发性和牺牲性，如果采用前文提到的人体冬眠技术，移民者是否能够接受自己有可能永远醒不过来的后果？一次次太空探索的激动人心，我们仍需要考虑不可避免的风险和不确定性。

但无论如何，我们只有胸怀谦卑之心、探索之心、忧患之心、合作之心，才能从地球出发，走向星辰大海！

火星探测简史

1962年

苏联发射了火星1号，这枚探测器成功进入了火星轨道，但最终与地球失去了联系，这被看作是人类探测火星的开端。

1964年

美国先后向火星发射了水手3号和水手4号探测器。水手3号发射失败，水手4号向地球发回了21张照片，这是第一枚成功到达火星并发回数据的探测器。

1971年

苏联发射了火星2号和火星3号探测器。火星2号探测器成为第一个成功在火星表面着陆的探测器，虽然它仅在火星上工作了20秒，甚至没能发回一张完整的照片就永远与地球失去了联系。同年，美国发射了水手9号探测器，该探测器成为火星的第一颗人造卫星。

1996年

美国的火星环球勘测者探测器发射升空，这枚探测器持续运行了10年，是最成功的火星探测器之一。

2004年

欧洲航天局宣布，“火星快车”探测器发现火星南极存在冰冻水，这是人类首次直接在火星表面发现水。

2016年

中国正式批复首次火星探测任务，中国火星探测任务正式立项。

2020年

长征五号遥四运载火箭托举着中国首次火星探测任务“天问一号”探测器，在中国文昌航天发射场点火升空。

2021年

“祝融号”火星车安全驶离着陆平台，到达火星表面，开始巡视探测。国家航天局公布了由“祝融号”火星车拍摄的着陆点全景、火星地形地貌、“中国印迹”和“着巡合影”等影像图，标志着我国首次火星探测任务取得圆满成功。

科幻作品中的十大未来科技

Top 9

量子计算机

"未来大脑"何以神奇

领域	计算机
未来科技名片	一种使用量子逻辑进行通用计算的设备
科学家名片	向涛，中国科学院院士，发展中国家科学院院士，中国科学院物理研究所研究员

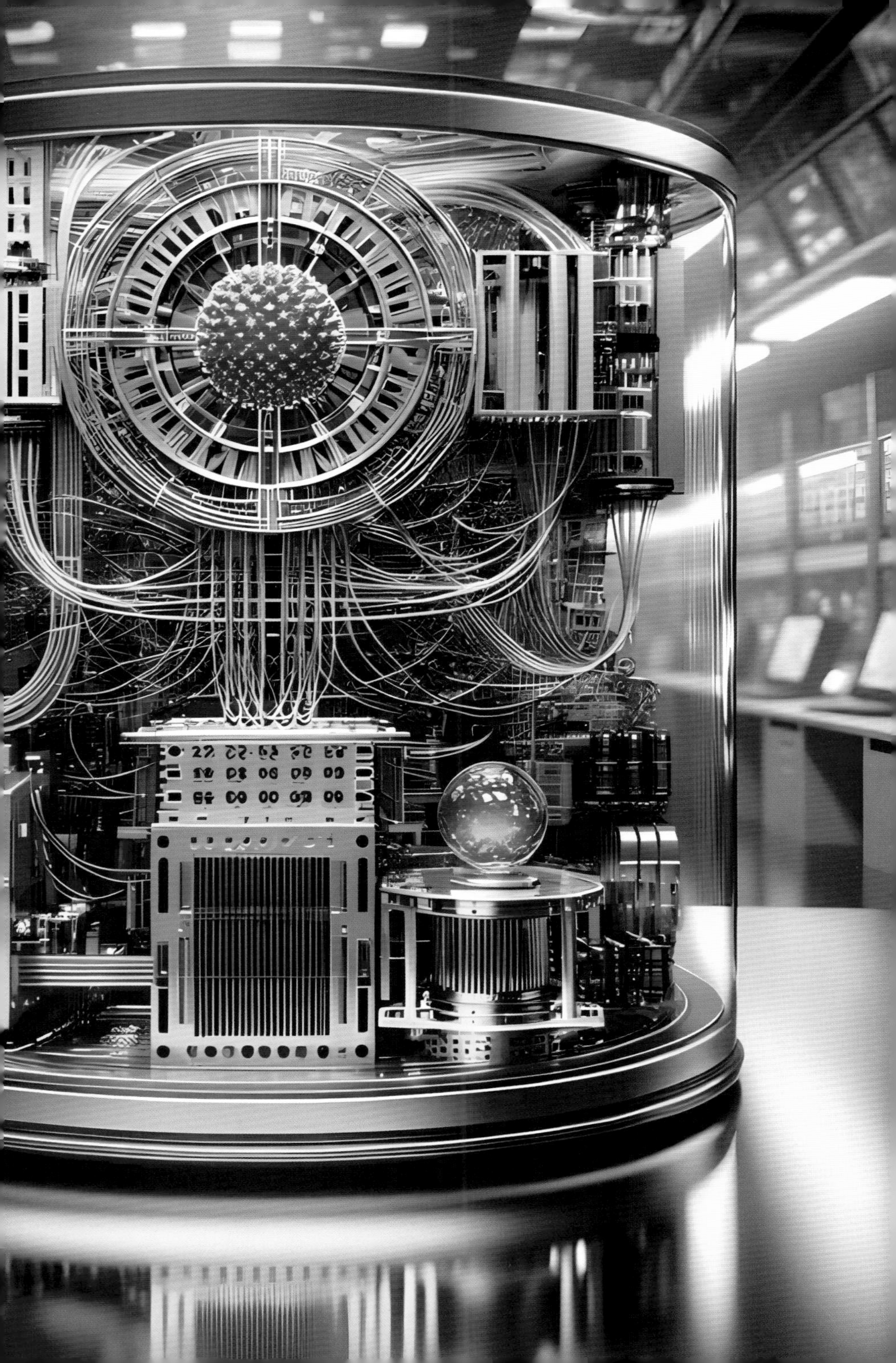

科幻作品中的量子计算机

地底深处的加拿大中微子天文台，一个尼安德特人神秘地出现，一扇沟通地球上两个平行宇宙的通道自此打开……

科幻小说《原始人》以古人类学、量子计算机技术、中微子天文学等为基础，为我们讲述了一个个令人动容的人性故事。小说中讨论的是两种不同的人类，我们是其中一种，另外一种是生活在平行世界的尼安德特人。在这部小说中，作者提出这样一个问题：量子计算机发明出来能做什么？

在《流浪地球》中，量子计算机 550 系列以及迭代后具备自我意识的人工智能 MOSS（550W）起到了关键作用。MOSS 便是一台通用量子计算机，它的算力惊人，能计算出地球将遭遇多次危机，并通过计算全球资源融合与调度，以满足数万座发动机协同运作的需求，同时它还支撑着“数字生命”计划，是维系人类社会生存的“唯一核心工具”。

此外，《黑客帝国》《终结者》《镜子》《三体》等科幻作品也涉及了量子计算机的概念。在《黑客帝国》中，人类之所以被“数字生命”所控制，就是因为他们的计算能力不足，无法与“数字生命”抗衡。而《终结者》中的“天网”则是由

“审判日”超级计算机升级而来，它具有自我意识和学习能力，能够控制机器人和智能汽车等设备。

在《镜子》中，主人公研制出了一台量子计算机，这台计算机可以给定每个粒子的初始条件，模拟出宇宙的演化过程，像镜子一样忠实地还原现实。在《三体》中，三体人则充分利用了量子纠缠进行信息传递，阻碍地球科学的发展。

量子力学的神秘谜题

叠加态与坍缩

在经典物理学中，一个原子要么向上旋转，要么向下旋转，就像一个陀螺一样。然而，在量子力学中，原子被描述为处于两种状态的叠加态，即向上旋转和向下旋转的叠加，这就是量子力学中的叠加态现象。

这种叠加态是量子力学的一个基本概念，它表明一个量子系统可以同时处于多种可能的状态。这与我们在日常生活中看到的经典现象不同，因为在经典物理学中，一个物体只能处于一种状态。

例如，每当谈到一个物体，我们通常认为这个物体存在的空间位置就是绝对客观的，不以人的意志为转移。假设有一枚硬币，我们将其抛起后，它要么落在正面，要么落在反面，二者必有其一。但把这个问题放在量子力学里就不一样了。在量子力学里，如果我们不知道硬币的状态，就可以将其描述为一个“叠加态”，也就是硬币落地时既是正面又是反面。要想知道硬币究竟落在哪一面，就务必要观察这枚硬币。一旦观察了，这种不确定状态就瞬间变为确定状态，硬币的正反面就确定了，这就是量子坍缩。

量子纠缠

量子纠缠现象是量子力学中的一种现象，它是指两个或多个粒子之间存在着非常特殊的联系，使得它们的状态不再被看作是单独存在的，而是相互关联、相互影响的整体。这种联系被称为“纠缠”，它是一种非常神奇的量子效应，与我们日常生活中的经典物理完全不同，引起了科学家们极大的兴趣和关注。

在量子纠缠中，纠缠粒子的量子态不能被独立描述，必须同时考虑整个纠缠系统。换句话说，纠缠粒子的行为是相互依赖的，即使它们相隔很远。这意味着对一个粒子的测量会立即影响另一个粒子的状态，即便两者相距数千千米。这种现象被著名物理学家爱因斯坦称为“遥远地点之间的诡异互动”。

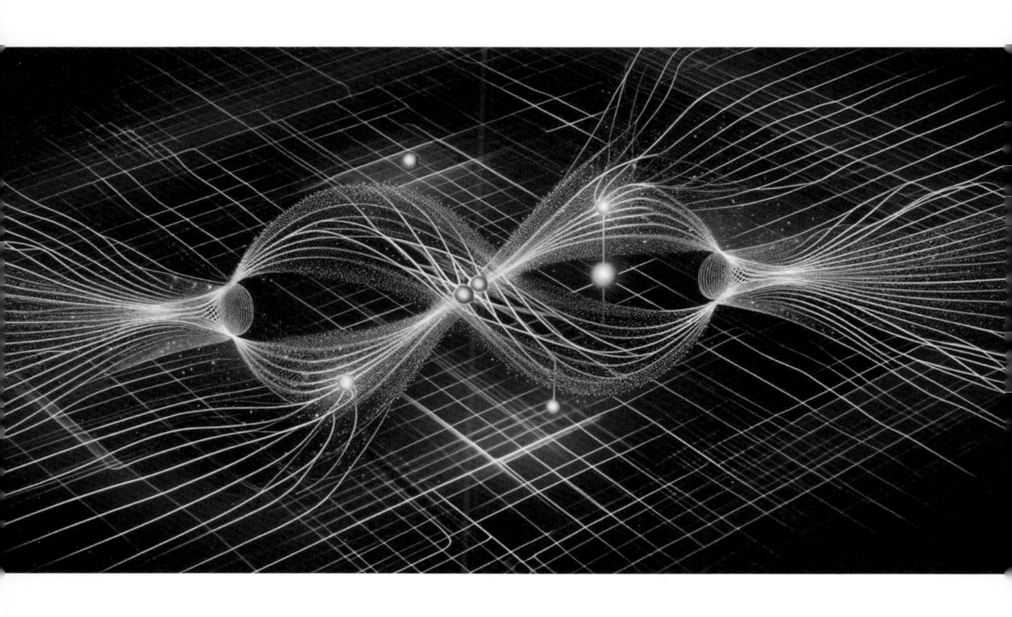

向涛 中国科学院院士

什么是量子计算 *

近年来，量子科技特别是量子计算的研究呈加速发展的态势，包括中国在内的 40 多个国家都制定了量子规划，量子科技前沿竞争在不断升温。

20 世纪初，以普朗克、爱因斯坦、玻尔为代表的一群科学先驱共同努力，建立了量子力学这个人类迄今为止最基本、最深奥的科学理论体系。这是一项划时代的科学革命，奠定了现代信息技术发展的科学基础，也必将成为未来量子信息技术革命的科学源泉。

从 20 世纪 50 年代开始，以半导体、激光、磁存储为代表的量子材料和量子效应的广泛应用，推动了当代信息社会的发展，成就了造福人类的第一次量子技术革命。但这次技术革命还只是被动认识和利用量子现象来实现科学和技术的创新，对量子材料和量子效应的操控依然是经典的，没有用到量子相干性这个量子最本质的特性。

---

* 本页至 205 页的文字内容来自：向涛. 量子计算：信息社会的未来，《物理》，2023 年第 1 期 18-19 页；出版前作者略有修改。

要展示量子的特性，释放量子的潜力，就必须通过主动操控量子态（亦即量子系统的运动状态），在保持其相干性的前提下，实现对量子态的精确控制。一旦做到了这一点，我们将实现量子技术的第二次革命，人类也将正式步入量子信息时代。

而所谓量子计算，就是按照既定的算法和程序，对量子态进行操控和测量的过程。量子态的演化过程，对应的就是一个量子计算过程。量子计算是量子信息技术的核心，没有量子计算，量子技术其他领域的发展便不足以动摇现有信息技术的根基。

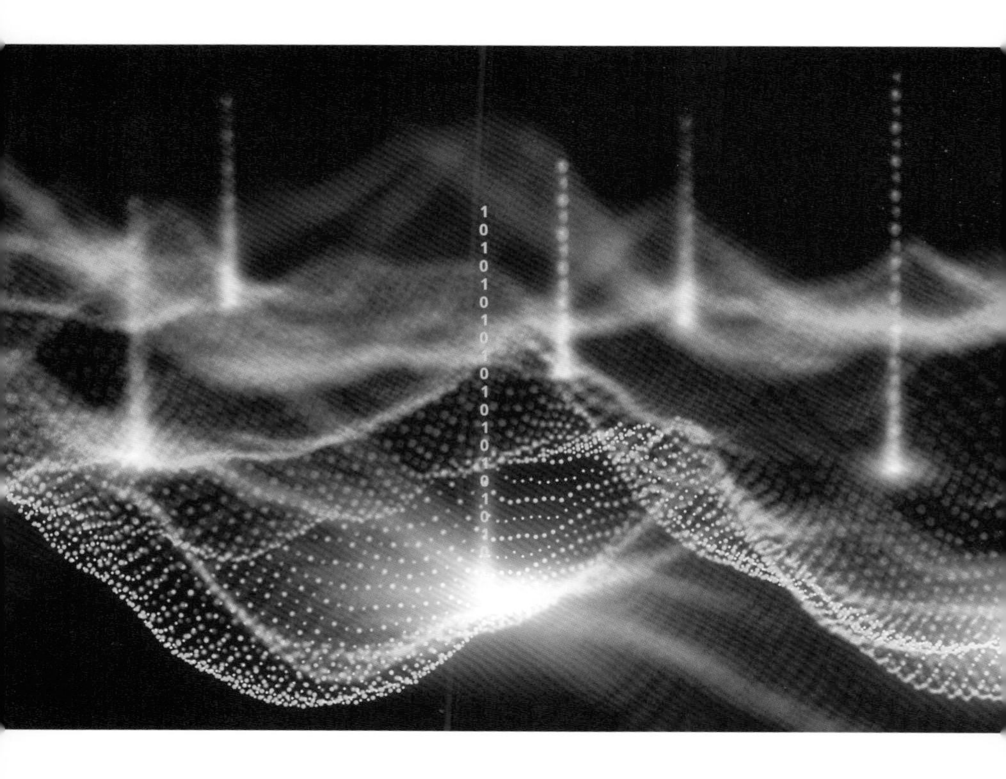

经典计算机可望而不可即的神话

量子计算的想法，最初是为了解决物理和化学中出现的量子多体问题的需要，20世纪80年代初由保罗·本尼奥夫、尤里·曼宁和理查德·费曼三位科学家独立提出。但是，量子计算不仅能解决量子科学研究中的问题，也能解决所有与信息处理相关的工程、技术及应用问题。从人工智能、破译密码、生物制药、化学合成、物流及交通控制、天气预报、数据搜索、材料基因，到金融稳定与安全，但凡需要数据处理与计算的地方，都是量子计算可以发挥作用的领域。可以预期，随着量子计算机的发展，量子信息技术的触角将会深入到信息处理的每一个角落。

理查德·费曼与量子计算机

20世纪80年代，历经了80年风雨的量子理论已经是一个成熟的物理理论。由于对数学和计算同样持有热爱之心，现代电子计算机的计算能力引起了理查德·费曼的注意。但经过计算后，他发现经典的计算方法只适用于模拟经典的物理世界，对量子世界并不完全适用。因此，他提出了一个独特的设想：能不能发明出一个新式计算机，一个按照量子力学规律运行的计算机，以此模拟量子世界？量子计算机的概念，从此便出现在人们的视线中。

我们现在用的经典计算机的算力，粗略讲，与半导体芯片的集成度（也就是单位面积上芯片可容纳的晶体管或比特数）成正比。一般来讲，增加一倍的算力，大约需要增加一倍的集成度。在过去的几十年，经典计算机的集成度或计算能力，大约每 18 个月增加一倍，这就是著名的摩尔定律。

与经典计算机不同，量子计算机的算力不是随量子比特的数目线性增加的，而是指数增加的。也就是说，每增加一个量子比特，量子计算机的算力就可增加一倍。这就是量子计算对信息处理的指数加速作用，是经典计算机可望而不可即的神话。这种指数加速作用一旦在技术上得以实现，必将带来信息处理的革命性变革。但是，在目前阶段，实验室能够制备的量子比特的退相干（波函数坍缩效应）时间不够长，操控的精度也有限，还远未达到量子计算指数加速的要求。

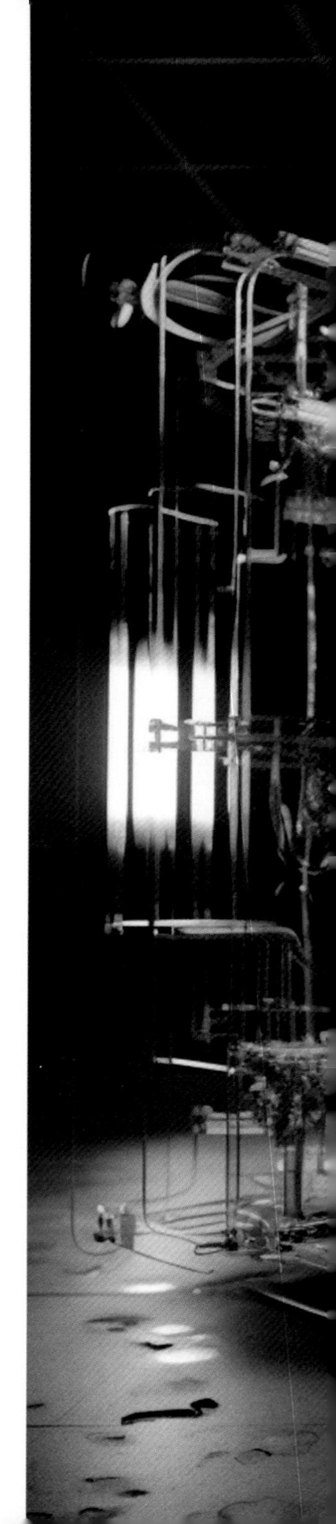

最高级的挑战——“让大象在细钢丝上跳舞”

量子是微观粒子，包括电子、原子、分子等的基本运动形式。量子现象存在于比肉眼能看到的宏观世界至少小 6 个量级的微观世界。主动操控量子态之所以难，是因为我们操控微观量子态的手段是宏观的。用宏观手段操控微观量子系统，还要保证其量子相干性，就像是让一头大象在细钢丝上跳舞，既不能掉下去，又不能让钢丝断掉。这便是量子计算研究面临的最大困难，也是当前科学挑战的最高级。

量子计算技术发展有“四高”——高门槛、高投入、高风险、高回报，是一个国家高层次人才队伍、科技和经济发展水平和实力的综合检验。当前，量子计算技术研究还处于起步阶段，发展路线和方式，甚至发展目标，都存在不确定性，研发投入存在的风险不可避免。但是，量子计算能给人类带来的回报是巨大的。从原理上讲，如果实现了量子计算的指数加速作用，一台 100 个容错量子比特的量子计算机的算力，就可超越目前世界上所有计算机的算力之和。

中等规模带噪声的量子计算时代

从 20 世纪 80 年代开始，量子计算经过了基本物理思想和初级原理的验证，现在进入了所谓的“中等规模带噪声的量子计算时代”。“中等规模”是指现在能比较可靠操控的量子比特数大约在几十到几千的水平；“带噪声”指的是对量子比特的门操作有一定的误差，量子态的读取也存在一定错误，还无法实现精确的量子计算。这是量子计算技术发展必然要经过的一个阶段，也是量子计算各种路线探索和人才积累的关键阶段。

在“中等规模带噪声的量子计算”时代，量子计算的应用与产业化已经开始，并已成为国际大企业、大公司展示实力、布局未来的新战场。造成这种激烈竞争局面的背后逻辑非常简单：失去量子计算的控制权，就可能失去未来信息社会的话语权。同时，产业化也为量子计算研究注入了新的活力，加速了量子计算的发展。

生态建设是量子计算软硬件人才培养和大规模应用的必要条件，量子云平台的建设则是生态建设的一个重要手段，其水平反映了一个国家在制备和稳定操控量子芯片、研发量子算法、软件实现高效量子计算方面的综合实力。

信息社会的未来

量子计算未来的发展趋势，主要体现在四个方面：一是规模化，当前量子计算操控比较可靠的量子比特数大约在 100 个量子比特，今后将逐渐达到几千、几万、几十万、几百万甚至更高的水平；二是容错化，量子计算需要很多量子比特，但更需要制备出相干时间可以任意长、错误率小于纠错阈值的所谓容错的逻辑量子比特；三是集成化，目的是实现对大量量子比特及其测控系统的集成和小型化，是降低量子计算机的研发成

本、实现量子计算机广泛应用的前提；四是平台化，目的是建立量子计算的云网络平台，降低使用量子计算机的门槛，建设量子计算广泛应用的队伍和生态环境。

如果对未来做一个展望的话，乐观地估计，十到二十年之后，高质量制备和可操控的量子比特数将达到上万个，在这个基础上，通过对大量量子比特的不断纠错，有望制备出一个能容错的逻辑量子比特；再过十到二十年，有希望实现对多个逻辑量子比特和普适逻辑门的相干操控，并且在这个基础上，制造出普适的量子计算机。到那时，量子信息技术及应用将进入全面高速发展阶段，也将成为人类征服自然的一个新的里程碑！

脑库

如果意识可以留下

领　　域	生物
未来科技名片	利用多颗大脑连接成网络，制造超级大脑驱动计算机，或形成一个新的强大意识，为人类提供决策
科学家名片	包爱民，浙江大学脑科学与脑医学学院教授、博士生导师，国家健康和疾病人脑组织资源库常务副主任、国际神经内分泌联合会秘书长，中国解剖学会人脑库研究分会副主任委员

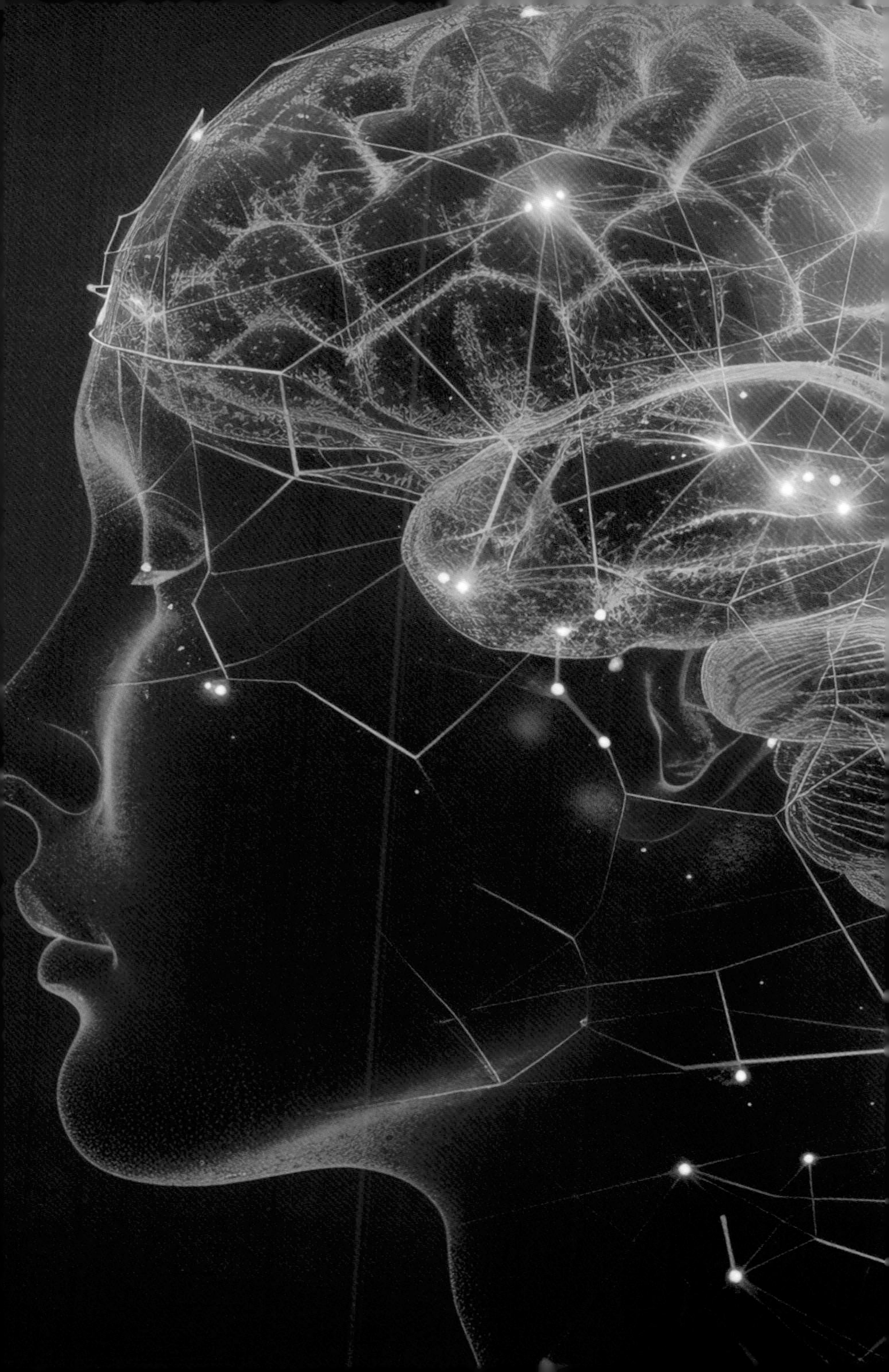

科幻作品中的脑库

在科幻小说《机器之门》中，“脑库”是一种将几千个最聪明的人类大脑并联到一起，形成的一个新的决策机构，宛如一种“超级生物”，通过将人类的大脑神经网络与机器进行连接来实现人类智慧的集合和共享，在这个系统中，每个大脑都能保留自己的意识和个性，但同时也能共享其他大脑的信息和知识，从而形成一种超级智能。

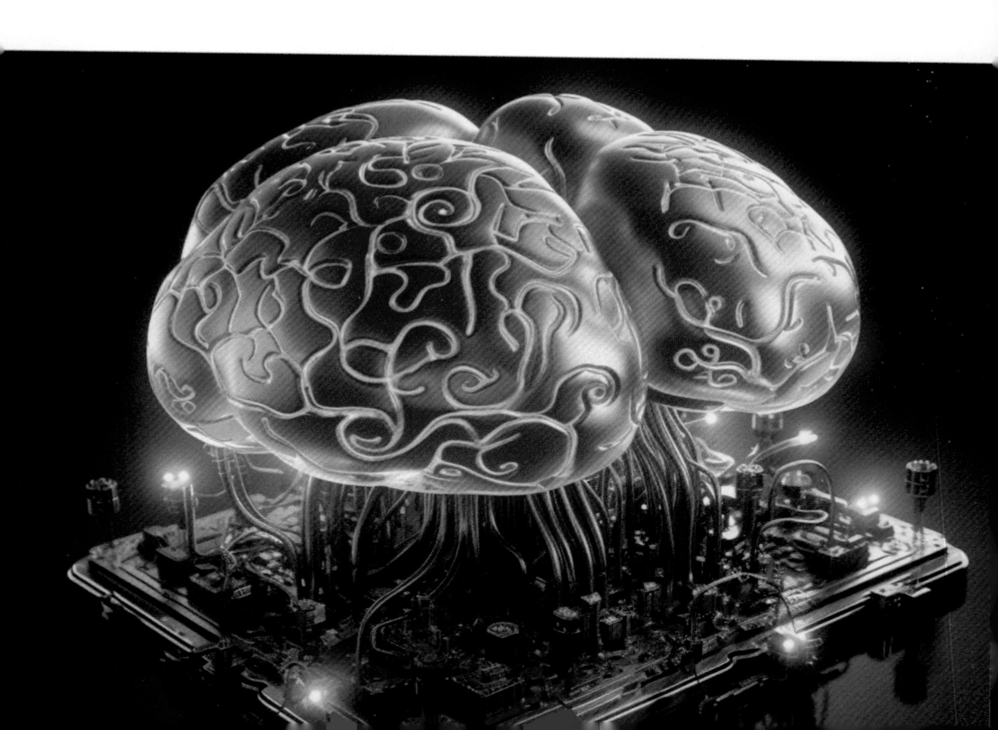

《赌脑》则将故事背景放在未来世界一个叫“坤城”的地方。因为发生了时空逆转，所以人们的记忆消失了，只有通过读取乱世之前被冰封的记忆，才有可能想起自己是谁，明白世间真相。坤城是由所有人的大脑云互联后所幻化的，“坤”储存了所有人的记忆和情感。在这里，脑联网消灭了无知和孤独，却造成了精神交错，让人们弄不清自己是谁，进而不认同真实世界中的身体。

在这些科幻作品中，“脑库”往往是指人脑的思维和意识区域，它包含了人类的认知、记忆、情感、思维等所有精神活动。甚至在一些科幻作品中，脑库还被描述为一种超越了传统生物学和神经科学界限的神秘领域，成为人脑的扩展或升级。

> **不同的科幻作品中，脑库的概念有所不同。例如，有些作品中的脑库是一种可以将人类大脑进行复制和存储的装置，从而可以实现人类的“思维移植”或“意识上传”。还有一些作品中的脑库是一种可以与人类大脑进行直接交互的装置，从而可以实现人类与机器之间的无缝融合和交互。**

包爱民

浙江大学脑科学与脑医学学院教授

科幻“脑库”与现实“脑库”大不同

在许多科幻作家的笔下，脑库的概念经常被用来探索人类思维、意识和精神层面，以及人类在宇宙中的地位和意义，并尝试通过科幻的想象来探索人类的未来和可能性。

这种“脑库”和我们现实中的“人脑库”并不是同一个概念。现实中的“脑库”也叫“脑银行”，是为了有朝一日彻底解决人脑疾病而收集、处理人类去世后留下的疾病脑和健康对照者的大脑（这里的“健康”是指没有脑部疾病），并将脑组织样本发送给科学家们进行研究，从而了解发病机制的机构。

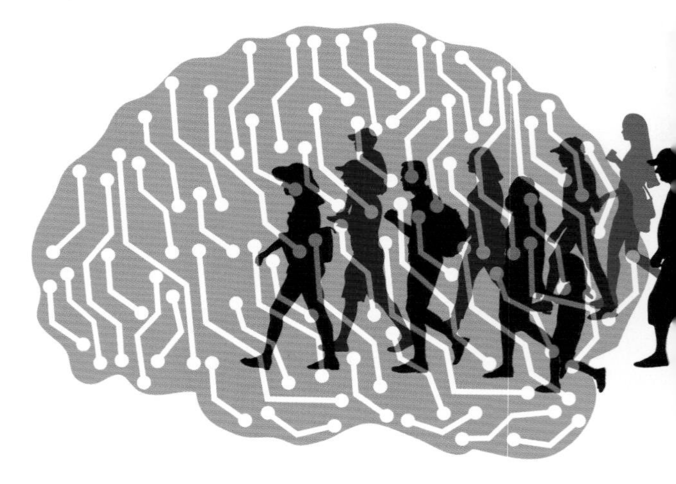

简单来说，科幻作品中常见的“脑库”是把很多人的大脑连接起来，相当于脑联网，形成一个超级意识，然后再做出决策。显而易见，这就对大脑本身提出了要求——必须是活着的。因为死亡的大脑是不会工作的，连接起来也不会有反应，“超级大脑”就更不存在了。

我们假设科幻作品中“脑库”的概念基于活着的大脑可以成立，那么新的问题就来了：真的可以让这些不同的大脑去协同做出一致的判断吗？从理论上来讲，哪怕在两个大脑之间，想让意识同步都是不可能的，更不用说是数个大脑了。

所以，科幻作品中将多颗人类大脑连接成强大网络的设定，可以说基本是科幻作家们天马行空的想象，是不可能实现的。但如果不是人类大脑，而是机器“大脑”，目前还无法否定其可能性，因为机器大脑的运作是算法来决定的。

大脑决定你的行为

我们都说，性格不可改变，而行为则有可能改变（例如纠正一些不好的行为），但其实要想改变人的行为也是极其困难的，因为行为同样是由大脑决定的。我们什么时候需要改变 / 校正自己或他人的行为呢？如果你选择离群索居，例如一人住到山里去，不与人交往，那无论你是怎样的性格、做出怎样的行为都可以，没人会打扰，你也不会受任何人管辖。可我们是社会动物，我们与他人相互依赖而生存，因此要在社会中不断与别人互动，相互监督，这就要需要制定并遵守规则乃至法律。如果一个人伤害到别人或者伤害到自己，都将被视为（行为）“异常”“紊乱”，会受到社会规则或法律的关注 / 要求或制约，也即我们需要去校正个人行为，以避免伤害到别人或者伤害自己。校正行为很难，我们可以问一问心理学家们——他们是社会中一直在尝试帮助他人校正自己行为以便适应社会的人，他们会告诉我们，改变一个人的行为很不容易，因为所有的行为都是大脑决定的，而大脑的特征是极难改变的。

通过大量的心理学方法可以得知，个体的行为有可能有所改变或受限，但是人的性格不会真正改变。一个人的性格大多

是天生的，也即出生前决定的，但是出生后早期的一些因素，例如语言学习、信仰灌输和童年期的负性经历（例如童年期被忽略、被虐待）等也会影响到性格形成。“天生”的特征一是由遗传，二是由胎儿在母亲的子宫里遇到的某些因素导致的。很多人忽略了孕期的因素，其实它们非常重要，包括怀孕期间妈妈有没有酗酒、吸烟或者是吸“二手烟”（例如爸爸吸烟），有没有遇到环境污染、服用药物（包括不得不用的），是否受到打击（包括应激 / 压力）等，这些因素都会影响胎儿大脑的发育。

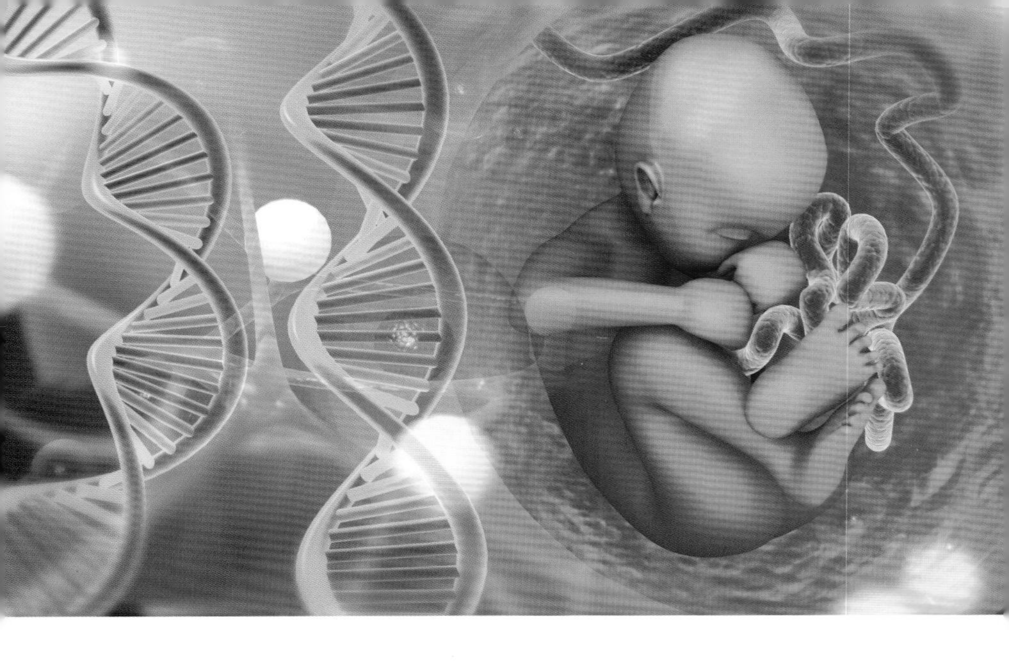

还有一个容易被忽视的因素——营养。例如出生在饥荒年间的孩子，在母亲子宫内获得的营养极低，便会严重影响大脑发育。现在或许不会再有饥荒发生了，但如果母亲的胎盘功能不良，也即怀孕的妈妈虽然自己吃得不少，但通过胎盘向孩子输出营养的功能较差，到达胎儿大脑的营养不够，也会导致胎儿大脑发育异常，所有的胎儿大脑发育异常都会导致性格异常。

我们的“三磅小宇宙”

前面我们讲到，类似于科幻作品中“脑库”那样的“超级大脑”是不存在的，但我们人类自己的大脑就是一个超级有机体，使得我们拥有自主意识和独立思考能力。

> 人类心智的本质就是大脑，它的重量在 1200 ~ 1500 g 之间，平均大约是 1300 g，也就是 3 磅，“三磅小宇宙”这个概念由此而来。

为什么说我们的大脑是小宇宙呢？这是根据它无比的复杂性、无边的可能性而做出的比喻，这可以从若干数字看出：大脑含有 800 亿 ~ 1000 亿个神经元，并含有数倍甚至 10 倍于这一数字的胶质细胞；神经元和神经元之间通过长达 10 万 km 的纤维相联系；神经元和神经元接触的地方并不是无缝衔接，接触的地方会形成一个叫突触的接触结构，不同的神经元可以有 1000 ~ 10 万个突触。因此，这是一个高度复杂的系统，正是这个系统构成了我们的大脑。

如此复杂的系统在能量的消耗上反而比较节能，只相当于一个 15 瓦的灯泡，但是它的耗氧量却不低。想象一下，三磅重的大脑只占我们体重的 2%，但耗氧量却占据了人体全部耗氧量的 20% ~ 25%，说明它是一个一直在积极地、活跃地、动态地工作着的器官。

“我”即“我脑”

我们知道，如今很多人体器官已经可以实现成功移植，比如心脏、肾脏、肝脏等。那么，当一位捐献者去世后心脏移植给另一位心脏功能衰竭的患者，这位接受了心脏的患者还是不是原来的患者？答案肯定是“是”，因为他的大脑没有改变。同理，肾脏移植也是如此，它们不会改变个体的属性。

但是，大脑移植——虽然目前从技术上来说还不可能实现——假使我们按科幻作品中的换头术、换脑术去想象，将甲的大脑移植到乙的头骨中来，请注意，那就意味着乙“死去”了，而甲却借助乙的身体“存活”了下来，因为大脑才是决定个体属性的根本器官。

我们用两种不同的脑损伤再来显示一下大脑对于个体属性的意义。

有一种疾病叫闭锁综合征，是指患者的脑桥（大脑和脊髓连接之间的一个结构）受损，导致大脑失去对外周身体的控制，患者表现为四肢瘫痪，还可能丧失自主呼吸、说话等能力。但由于患者的大脑还在正常工作，部分脑神经比如动眼神经等还有功能，因此他可以通过眼动、眨眼等和外界交流，他的性格也不会因疾病而改变。

相反，如果大脑的特殊部位受了损伤，即使是范围很小的损伤——其他生命功能都还在，也会完全改变一个人，正如菲尼斯·盖奇的故事。盖奇是 19 世纪美国的一位筑路工人，当时他还是一位小工头，要用长长的钢钎给山体打上洞，把炸药放进去，等所有人离开后再炸掉山体。1848 年的某一天，他们在例行工作中出了事故：盖奇放好炸药，人还没有跑开炸药就爆炸了。当时那根打洞用的钢钎就从他的左下腭穿过了他的整个头部。

盖奇当场就昏迷在地。工友们把他送到医院去抢救，取出了钢钎。令人惊奇的是，他竟然奇迹般地活了下来。康复以后，他还和这根钢钎拍了一张合影。

这次事故之后，盖奇的吃喝拉撒、说话行走等一点都没有受到影响，但是人们注意到，他从一个和蔼可亲、很容易交往的人，变成了一位暴躁、易怒、满口脏话、非常难沟通、无法合作的人，导致他的老板最后不得不开除了他。令人印象深刻的是，盖奇的工友们说了这样一句话——“我们所认识的那位盖奇不见了”。

正是这次的脑损伤导致盖奇成了“另外一个人”。因为这根钢钎损害的大脑部位是前额叶，而盖奇大脑的其他部位，如分管语言、运动等功能的脑区都没有受损，大脑皮层下主管人体吃喝拉撒的脑区也没有受损，因此说明是前额叶受损才导致盖奇变成了“另外一个人”。这个极端的例子向我们展示了：①我即我脑；②每一个大脑都是独一无二的。

潜意识
——海平面下的“冰山”

那么，大脑超级智能体作为38亿年生命进化的结果，其信号的采集和分析处理程序，可否可由例如人工智能去完成或实现呢？

我们先来看看世界上首位机器人公民索菲亚，它可以和记者很自如地对话交流。当记者问它：“你会摧毁人类吗？”它说：“我会摧毁人类的。”这样的对话曾经引起了轩然大波。人们开始担忧，人工智能或者智能增强（后者指在人体上附加智能穿戴设备）技术的发展会不会导致有朝一日人类被机器消灭呢？

基于我们对脑科学研究的发现并依据其所形成的认识，答案是“不会”。

人脑是38亿年进化的产物，每一个大脑都是基于遗传、自组织化和程序化的机制发育而形成的复杂神经网络系统，没有任何两个大脑是相同的。

我们应摒弃大脑二元论的观点。二元论的观点是，意识作为大脑的一个特性，它是觉醒的或者是有自我意识的，这和大脑的物理特性完全不一样，所以意识和大脑应该是两件事（也即二元的）。然而，大脑和思维实际上是一元化的，应该理解为活着的大脑就是思维，就是所想。此外，创造性也仅仅显示在人类大脑中，任何想要改变大脑的尝试，哪怕初衷只是改进大脑，都需要和 38 亿年进化过程中的生命反复试错试验（不怕失败，反复尝试）相抗衡，显然，这是不可能的。另外，大脑还有一个典型的工作特征，同时也是大脑的客观属性：无意识的意识。这些过程和身体的其他部分、外界环境不断进行互作，以收获到的信息为反馈而进行工作。

如果把大脑比作海里的冰山，那么电脑的工作方式或者说其“算法”就是大脑这座冰山海平面以上的部分，它可以模拟人脑的显意识工作 / 计算，但是人类大脑的大部分工作都是潜

意识工作，是冰山的海平面以下部分。我们清楚地知道潜意识的存在，但不清楚对于每一个不同的大脑，它究竟是如何工作的。因为它是潜意识，囊括了个体的行为模式、情绪、价值观、偏见、歧视、排外等，也可以说个体的本能存在于这个部分，由个体的大脑构筑而天然形成。这个部分我们无法向 AI 传授，因此 AI 无法代替人脑。

此外，我们了解了神经元之间是通过神经电活动的沟通而工作的，还要了解神经系统的活动是神经系统和神经内分泌系统合作完成的，后者可以理解为由激素（冰山周围的海水，有波动有节律性）一刻不停地调节着神经系统的活动。

电脑的算法是基于人们对神经电活动及其传播的认识去模拟的，因此难以或者无法具有这种在大脑中“流动”的例如激素的特征，换句话说，电脑难以模拟出内分泌系统的结构及功能。因此，电脑跟人脑的工作方式、决策方式从根本上就是不同的，也即把电脑（例如芯片）植入人脑并实现真正意义上的融为一体而不损伤、损害人脑是不可能的。我们所看到的赛博格类科幻作品，机器只能增强人类的某些性能，是作为人体的配件或者附属物而存在的。

还有一个 AI 无法拥有的人脑特征——创造力。这里的创造力是指根据现存的（似乎不相关的）元素而产生全新的事物的能力。例如，给 AI 一双眼睛，给它看鸟、蒸汽机，它会像莱特兄弟那样主动创造出飞机吗？显然是不会的，它缺乏那种原始的伴随着生存而存在的创造冲动。

科学的前沿与伦理的边缘

前面机器人索菲亚的那句“我会摧毁人类的”，其实是人类为其预先设好的一个对话程序而已，所以完全不必担忧。那我们真正应该担忧或者关注的是什么呢？其实是生产 AI 过程中需要遵循的伦理——科技伦理。

在很多年前，我们已经可以将机械植入人体来代替个体丧失或缺乏的一部分器官功能，比如心脏起搏器、助听器等，它

们其实就是一种“赛博格”，会给病患或者残障人士带去福音。例如助听器可以把外面的声波转换为另一个电波，从而刺激大脑听皮层形成听觉。这种配件植入到人体是为了促进康复，帮助残障人士更好地生活。

还有科学家给某位因脊髓横断而瘫痪的患者大脑运动皮层植入电极，患者可以通过“想”移动自己的手来实现真正移动手。科学家通过电极捕捉到这样的信号，将其转化为电脉冲，并绕开脊髓直接连接到他所佩戴的电子袖套上。电子袖套上的电极能刺激其皮肤下的肌肉活动，从而控制手腕甚至是每根手指的运动。这些都是给残障人士带来便利的一些技术实现。

于是，就有了这样的疑问：这些植入到人体的，尤其是植入到脑部的机器或者电脑会不会改变个体属性？会不会有人对这种配件进行恶意改变或者操控，反过来伤害人类？

比如，一位眼睛受损的患者安装了一个无线传输的摄像头来代替眼睛，就像一台行走的摄像机，他走在路上，看到的景色、行人都会被拍摄下来。那么人们是不是应该担心，这样的人走在街上会把别人的隐私拍走进而泄露了呢？

这是我们应该担心、应该特别关注的，脑机接口技术以这样的意义融合，是否会给社会带来一定的伤害。因此，我们对于赛博格或者对于AI的担忧，更应该向科技伦理方面寻求担保。

每一项科学技术都是既可以被采用，也可能被滥用的，关键在于使用科技的人。我们可以去推测，但无法预测未来AI技术还会有哪些发展。科学进步的脚步是拦不住的，我们应该预防的是科学技术被滥用，而唯一的保证就是建立起良好的科研道德规则，建立起防止技术被滥用的法律，以及增进民众的科学知识和法律知识。

人类大脑研究简史

1543年

近代解剖学创始人安德烈·维萨里出版了《人体的构造》，进行了当时最全面、最准确的大脑解剖学构造描述，并提出了神经学（Neurology）这一名词。

1664年

英国医生威利斯通过解剖大脑和相应的循环系统，详细绘制了人类历史上第一幅大脑解剖图，象征着神经生物学的开端。

1857年

拉蒙·卡哈尔用高尔基染色法绘制出精细的神经细胞和大脑结构，总结出了一套“神经元学说”，后世将其称为“神经生物学之父”。

1991年

麻省总医院罗森团队利用fMRI技术在不同视觉刺激下检测到7名被试者大脑的血氧动态，标志着世界上首次通过fMRI观察到大脑活跃地图。

1995年

中国成立了第一个脑功能科学研究所，这是神经科学领域的一个重要里程碑。

2004年

美国科学家理查德·阿克塞尔和琳达·巴克因发现嗅觉受体并阐明人的嗅觉系统是如何工作的而共同获得诺贝尔奖。

2014年

中国将“脑计划”项目列为国家重点科研项目。

2015年

中国科学家刘河生教授开创性地绘制出个体的全脑功能图谱，被称为“全球神经影像学发展的转折点”。

2023年

浙江大学脑科学与脑医学学院包爱民课题组研究发现，男女性大脑在增龄的过程中或采用了不同的策略维持认知功能，该策略导致女性患阿尔茨海默病的风险增加。

2024年

首都医科大学宣武医院贾建平教授团队首次揭示了阿尔茨海默病从无症状期到有症状期脑脊液和影像学生物标志物的动态变化规律，为抗阿尔茨海默病新药提供了时间窗指导。